红叶石楠
繁育与推广

HONGYESHINAN FANYU YU TUIGUANG

邱国金 等 著

U0312665

中国林业出版社

图书在版编目（CIP）数据

红叶石楠繁育与推广 / 邱国金等著. -- 北京：
中国林业出版社，2015.7
ISBN 978-7-5038-8004-9

Ⅰ. ①红… Ⅱ. ①邱… Ⅲ. ①石楠—栽培技术 Ⅳ. ①S567.1

中国版本图书馆CIP数据核字（2015）第112397号

中国林业出版社·环境园林出版分社

责任编辑：张华　何增明

出　　版：中国林业出版社（100009 北京西城区刘海胡同 7 号）
电　　话：010 - 83143566
发　　行：中国林业出版社
印　　刷：北京卡乐富印刷有限公司
版　　次：2016 年 1 月第 1 版
印　　次：2016 年 1 月第 1 次
开　　本：880mm × 1230mm　1/32
印　　张：5.5
字　　数：150 千字
定　　价：69.00 元

《红叶石楠繁育与推广》编委会

著　者：邱国金

参著者（按姓氏笔画为序）及单位：
史云光：江苏绿苑园林建设有限公司
邱国金：江苏农林职业技术学院
胡卫霞：江苏农林职业技术学院
徐　超：江苏农林职业技术学院
蒋泽平：江苏省林业科学研究院

图片拍摄：
吴林燕：江苏农林职业技术学院
陈志明：江苏农林职业技术学院

前　言

　　20世纪80年代，江苏农林职业技术学院在建立林木种质基因库的基础上开始收集园林彩叶苗木；90年代中期，开始对国内外彩叶苗木市场进行调研和考察，并陆续从国内外引进各种类型的彩叶苗木188种。经过引种试验，筛选出了红叶石楠、火焰南天竹、金叶龟甲冬青、金叶枸骨、五彩络石、北美枫香等一批适应性强和具有较高应用价值的彩叶苗木新品种。

　　我们在引种筛选的基础上成立了红叶石楠研发团队，由江苏农林职业技术学院和江苏省林业科学研究院负责对红叶石楠进行繁殖与培育试验，由江苏绿苑园林建设有限公司负责红叶石楠规模化生产与推广应用。经过近20年的努力，红叶石楠在组培快繁、扦插育苗、栽培、主要病虫害与防治、园林应用等方面形成了一整套标准化生产与相关配套技术。研制了高效培养基配方，自主研发出全自动弥雾型微喷灌系统、自动浸灌系统、小型催芽室、可移动式育苗架、育苗高架大棚、层架式育苗架、穴盘苗专用包装箱、可拆式种植钵、控根器、半自动盆装苗系统等一系列功能多样、实用高效、操作简便的生产设施设备。实现了红叶石楠等彩叶苗木种苗标准化、规模化和工厂化生产。

　　研发团队系统地对我国红叶石楠的繁殖、培育和推广应用进行了细致的研究，主要成果有：

　　1. 主要获奖成果：《红叶石楠工厂化快繁技术的研究》与《几种色叶树种快繁技术创制与应用》分别获镇江市科技进步三等奖和一等奖；《红叶石楠扦插繁育技术》获2013年第十一届江苏省远程教育教学课件观摩三等奖；"小叶红叶石楠"等7个观赏苗木产品分获2013年第八届中国花卉产业博览会金奖、江苏省2013年第四届年销花展会银奖等奖励；"红叶石楠等观赏苗木新品种育繁技术集成与推广"项目在2014年获第七届江苏省农业技术推广奖二等奖。

2. 主要授权专利：红叶石楠离体叶片体细胞胚诱导快繁培养方法，专利号：ZL201110033701.1；一种红叶石楠叶片扦插方法，专利号：ZL200810124178.1；红叶石楠离体叶片诱导快繁培养基，专利号：ZL201110033598.0。

3. 技术标准：LY/T2294—2014《红叶石楠扦插快繁技术规程》国家行业标准。

本专著根据以上获得的研究成果，由各专家著述而成，并特别注重红叶石楠生产技术的集成与推广。全书共分为七章：第一章石楠属植物概述；第二章红叶石楠研究概况；第三章红叶石楠繁殖技术；第四章红叶石楠培育技术；第五章红叶石楠主要病虫害及其防治；第六章红叶石楠在园林中的应用；第七章红叶石楠推广。其中第一章到第三章由邱国金教授执笔并统稿，第四章由史云光高级农艺师执笔，第五章由徐超博士执笔，第六章由胡卫霞老师执笔，第七章由蒋泽平研究员执笔。

本专著在成书过程中，得到了许多领导和专家的大力支持。江苏省林业科学研究院黄利斌研究员、江苏绿苑园林建设有限公司王福银总经理、江苏农林职业技术学院赵桂华教授、句容仑山花木场钱之华总经理在百忙之中审阅本书。在此，我们谨对所有参与、支持本书编写工作的各界同仁，一并致以衷心的感谢。

尽管著者尽了很大的努力，但水平所限，不妥甚至错误之处在所难免，实有望国内外同行专家学者、生产一线从业人员提出宝贵意见，为进一步发展红叶石楠产业和科学研究事业做出更大的贡献。

签名　　邱国金

2015年3月于江苏农林职业技术学院

目　录

第一章
石楠属植物概述

SHINANSHU ZHIWU GAISHU

一、石楠属植物形态特征

石楠属（*Photinia* L.）植物为蔷薇科（Rosaceae）苹果亚科（Maloideae）常绿或落叶小乔木或灌木。《本草纲目》称石楠属植物生于石间向阳之处，故曰："石楠"又名扇骨木、千年红。它的拉丁学名来源于希腊文，意为"闪亮"，指亮丽的叶片，因此，本属植物多有鲜红的新叶。

石楠属植株高3～15m，大部分物种为常绿植物，少量为落叶植物；单叶互生，具锯齿，稀全缘，有短柄和托叶，根据不同种类，叶长3～15cm，叶宽1.5～5cm；枝条棱角分明、常有刺，顶冠不规则；夏季开花，小花顶生为伞形、伞房或复伞房花序，单枚花直径为5～10mm，5瓣白色圆形花瓣，有淡淡的山楂清香，萼管钟状5裂，雄蕊约20个；子房下位，2～4室，每室有胚珠1粒。果实为小型梨果，直径4～12mm，内含1～4粒种子，颜色鲜红，数量很多，秋季成熟并能安然越冬。

石楠属植物的果实是某些鸟类，如鸫、太平鸟和椋鸟等的食物，这样种子便可以通过鸟类粪便进行传播。石楠属植物有时也是鳞翅目昆虫，如红颜锈腰尺蛾（*Hemithea aestivaria*）、白点焦尺蛾（*Colotois pennaria*）和八字地老虎（*Xestia c-nigrum*）等的食物。

石楠属植物一年四季叶色变化较多，常有密集的花序，夏季白花朵朵，秋季红果累累，是优美的观赏树种；又因其具有树形美观、适生性强等优点，被许多省市立为城乡绿化的中坚树种。

二、石楠属植物栽培历史

在我国，石楠属植物的栽培可以追溯到春秋时期。相传古城曲阜的颜回墓上，有石楠两株。西汉刘向的《别录》中载："石楠，生华阴山谷。二月、四月采叶，八月采实，阴干。"石楠的枝叶、花形别具一格。它光滑润泽的叶子，常聚生于枝梢，犹如一把把小巧玲珑的伞撑放于枝头，它初夏开花，花也呈伞状。唐朝诗人权德舆的《石楠树》："石楠红叶透帘春，忆得妆成下锦茵。试折一枝含万恨，分明说向梦中人。"王建的《看石楠花》："留得行人忘却归，雨中须是石楠枝。明朝独上铜台路，容见花开少许时。"唐代诗人李白诗："千千石楠树，万万女贞林"。这些都是对石楠形态特征的描绘，也是石楠属植物栽培历史的见证。

三、石楠属植物分布、起源与分类

全世界石楠属植物有60种以上，分布在东亚、东南亚和北美等地；中国是石楠属植物最主要的分布区，产于西南部至中部，华北地区有少量栽培。

Linnaeus（1822年）确立了石楠属，如果按某些生物学家的观点，将近缘种柳叶石楠（柰石楠，*Heteromeles arbutifolia*）包含在石楠属中，那么分布区还要包括北美洲。某些分类法中把红果树等部分物种划入红果树属（*Stranvaesia*），再把部分物种划入石楠属中。腺肋花楸属（*Aronia*）在一些分类法中也被包含入石楠属中。和石楠属近缘的有火棘属（*Pyracantha*）、栒子属（*Cotoneaster*）和山楂属（*Crataegus*），蔷薇科植物系统进化与石楠属分类地位示意图见图1－1。

《中国植物志》将石楠属植物分为常绿组和落叶组两组，其中常绿石楠组下又分为齿叶系和全缘系；落叶石楠组下又分为多花系和少花系（石楠属分类系统见表1－1）。

表1－1　石楠属分类系统

	中文名	拉丁名	特征描述
组1	常绿石楠组	Sect. *Photinia*	叶片革质，常绿；花常组成复伞房花序，总花梗和花梗不具疣点
系1	齿叶系	Ser. *Serrulatae* Kuan	叶边有锯齿
系2	全缘系	Ser. *Integrifoliae* Kuan	叶边全缘或有波状浅齿，极稀有显明锯齿

3

（续）

	中文名	拉丁名	特征描述
组2	落叶石楠组	Sect. *Pourthiaea* (Dcne.) Schneid.	叶片纸质，冬季凋落；花成伞形、伞房或复伞房花序，稀成聚伞花序；总花梗和花梗在果期常具显明疣点
系1	多花系	Ser. *Multiflorae* Kuan	花序具多数花，通常在10朵以上，伞房状或复伞房状排列
系2	少花系	Ser. *Pauciflorae* Kuan	花序具少数花，通常6～10朵，伞形、伞房状或聚伞状排列

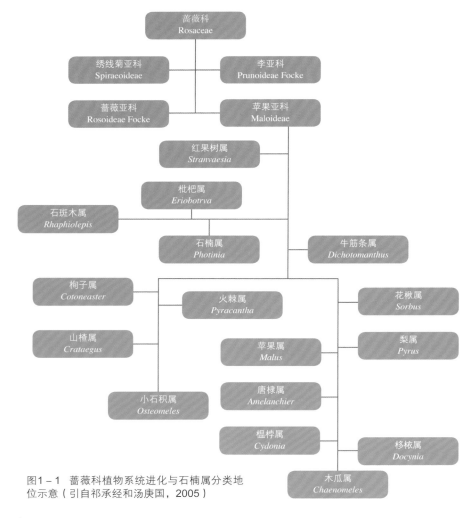

图1-1 蔷薇科植物系统进化与石楠属分类地位示意（引自祁承经和汤庚国，2005）

四、石楠属物种与栽培种类

（一）石楠属物种

全世界石楠属植物主要分布于东南亚和东亚地区，包括中国南部和中部、日本、印度和泰国等地；中国是石楠属植物最主要的分布区，共有50种（其中常绿石楠30种，变种21个；落叶石楠20种，变种19个）；我国特有种34个，主产长江流域及秦岭以南地区，华北地区有少量栽培。我国石楠属常绿石楠组物种拉汉名称见表1-2，石楠属落叶石楠组物种拉汉名称见表1-3。

表1-2 常绿石楠组物种拉汉名称一览表

序号	中文名	拉丁学名
1	光叶石楠毛萼红果树	*Photinia amphidoxa* (Syn. *Stranvaesia amphidoxa*)
	变种：毛萼红果树	*Stranvaesia amphidoxa* var. *amphidoxa*
	变种：湖南红果树	*Stranvaesia amphidoxa* var. *amphileia*
2	安龙石楠	*Photinia anlungensis*
3	椭圆叶石楠	*Photinia beckii*
4	小檗叶石楠	*Photinia berberidifolia*
5	贵州石楠	*Photinia bodinieri*
	变种：贵州石楠	*Photinia bodinieri* var. *bodinieri*
	变种：长叶贵州石楠	*Photinia bodinieri* var. *longifolia*
6	临桂石楠	*Photinia chihsiniana*
7	宜山石楠	*Photinia chingiana*
	变种：宜山石楠	*Photinia chingiana* var. *chingiana*
	变种：黎平石楠	*Photinia chingiana* var. *lipingensis*
8	厚叶石楠	*Photinia crassifolia*
9	红果树	*Photinia davidiana* (Syn. *Stranvaesia davidiana*)
	变种：红果树	*Photinia davidiana* var. *davidiana*
	变种：波叶红果树	*Photinia davidiana* var. *undulata*
10	椤木石楠	*Photinia davidsoniae*
	变种：毛瓣椤木石楠	*Photinia davidsoniae* var. *ambigua*
	变种：椤木石楠	*Photinia davidsoniae* var. *davidsoniae*

（续）

序号	中文名	拉丁学名
11	光叶石楠	*Photinia glabra*
12	球花石楠	*Photinia glomerulata*
13	全缘石楠	*Photinia integrifolia*
	变种：黄花全缘石楠	*Photinia integrifolia* var. *flavidiflora*
	变种：全缘石楠	*Photinia integrifolia* var. *integrifolia*
14	广西石楠	*Photinia kwangsiensis*
15	绵毛石楠	*Photinia lanuginosa*
16	倒卵叶石楠	*Photinia lasiogyna*
	变种：脱毛石楠	*Photinia lasiogyna* var. *glabrescens*
	变种：倒卵叶石楠	*Photinia lasiogyna* var. *lasiogyna*
17	毛瓣石楠	*Photinia lasiopetala*
18	罗城石楠	*Photinia lochengensis*
19	带叶石楠	*Photinia loriformis*
20	大叶石楠	*Photinia megaphylla*
21	印缅红果树	*Photinia nussia* (Syn. *Stranvaesia nussia*)
22	滇南红果树	*Photinia oblanceolata* (Syn. *Stranvaesia oblanceolata*)
23	刺叶石楠	*Photinia prionophylla*
	变种：无毛刺叶石楠	*Photinia prionophylla* var. *nudifolia*
	变种：刺叶石楠	*Photinia prionophylla* var. *prionophylla*
24	桃叶石楠	*Photinia prunifolia*
	变种：齿叶桃叶石楠	*Photinia prunifolia* var. *denticulata*
	变种：桃叶石楠	*Photinia prunifolia* var. *prunifolia*
25	饶平石楠	*Photinia raupingensis*
26	石楠	*Photinia serratifolia* (Syn. *Photinia serrulata*)
	变种：窄叶石楠	*Photinia serratifolia* var. *ardisiifolia*
	变种：宽叶石楠	*Photinia serratifolia* var. *daphniphylloides*
	变种：毛瓣石楠	*Photinia serratifolia* var. *lasiopetala*
	变种：石楠	*Photinia serratifolia* var. *serratifolia*
27	窄叶石楠	*Photinia stenophylla*
28	绒毛红果树	*Photinia tomentosa* (Syn. *Stranvaesia tomentosa*)
29	独山石楠	*Photinia tushanensis*
30	浙江石楠	*Photinia zhejiangensis*

表1-3 落叶石楠组物种拉汉名称一览表

序号	中文名	拉丁学名
1	锐齿石楠	*Photinia arguta* (Syn. *Pourthiaea arguta*)
	变种：云南锐齿石楠	*Photinia arguta* var. *hookeri*
	变种：柳叶锐齿石楠	*Photinia arguta* var. *salicifolia*
2	中华石楠	*Photinia beauverdiana* (Syn. *Pourthiaea beauverdiana*)
	变种：中华石楠	*Photinia beauverdiana* var. *beauverdiana*
	变种：短叶中华石楠	*Photinia beauverdiana* var. *brevifolia*
	变种：厚叶中华石楠	*Photinia beauverdiana* var. *notabilis*
3	闽粤石楠	*Photinia benthamiana* (Syn. *Pourthiaea benthamiana*)
	变种：闽粤石楠	*Photinia benthamiana* var. *benthamiana*
	变种：倒卵叶闽粤石楠	*Photinia benthamiana* var. *obovata*
	变种：柳叶闽粤石楠	*Photinia benthamiana* var. *salicifolia*
4	湖北石楠	*Photinia bergerae*
5	短叶石楠	*Photinia blinii*
6	城口石楠	*Photinia calleryana* (Syn. *Pourthiaea calleryana*)
7	厚齿石楠	*Photinia callosa*
8	清水石楠	*Photinia chingshuiensis* (Syn. *Pourthiaea chingshuiensis*)
9	福建石楠	*Photinia fokienensis*
10	褐毛石楠	*Photinia hirsuta*
	变种：褐毛石楠	*Photinia hirsuta* var. *hirsuta*
	变种：裂叶褐毛石楠	*Photinia hirsuta* var. *lobulata*
11	陷脉石楠	*Photinia impressivena*
	变种：陷脉石楠	*Photinia impressivena* var. *impressivena*
	变种：毛序陷脉石楠	*Photinia impressivena* var. *urceolocarpa*
12	垂丝石楠	*Photinia komarovii*
13	台湾石楠	*Photinia lucida* (Syn. *Pourthiaea lucida*)
14	斜脉石楠	*Photinia obliqua*
15	小叶石楠	*Photinia parvifolia* (Syn. *Pourthiaea parvifolia*)
	变种：小叶石楠	*Photinia parvifolia* var. *parvifolia*
	变种：假小叶石楠	*Photinia parvifolia* var. *subparvifolia*
16	毛果石楠	*Photinia pilosicalyx*
17	罗汉松叶石楠	*Photinia podocarpifolia*

（续）

序号	中文名	拉丁学名
18	绒毛石楠	*Photinia schneideriana*
	变种：小花石楠	*Photinia schneideriana* var. *parviflora*
	变种：绒毛石楠	*Photinia schneideriana* var. *schneideriana*
19	福贡石楠	*Photinia tsaii*
20	毛叶石楠	*Photinia villosa* (Syn. *Pourthiaea villosa*)
	变种：光萼石楠	*Photinia villosa* var. *glabricalycina*
	变种：庐山石楠	*Photinia villosa* var. *sinica*
	变种：毛叶石楠	*Photinia villosa* var. *villosa*

（二）石楠属植物栽培种类

国内常见的石楠属原种植物有石楠（*P. serrulata*）、椤木石楠（*P. davidsoniae*）、小叶石楠（*P. parvifolia*）、光叶石楠（*P. glabra*）、倒卵叶石楠（*P. lasiogyna*）、球花石楠（*P. lomerata*）、桃叶石楠（*P. prunifolia*）、中华石楠（*P. beauverdiana*）等。目前，国内园林及城市绿化中对石楠和椤木石楠栽培应用比较广泛，江苏、浙江、湖南、云南等地相继采种育苗，用于园林树木栽培。

石 楠 *Photinia serrulata* Lindl.

别名： 红树叶、石岩树叶、水红树、山官木、细齿石楠、凿木、猪林子、千年红、扇骨木

[形态特征] 常绿灌木或小乔木，高3～6m，有时可达12m；树皮褐灰色，全体无毛；冬芽卵形，鳞片褐色，无毛。叶片革质，长椭圆形、长倒卵形或倒卵状椭圆形，长9～22cm，宽3～6.5cm，先端尾尖，基部圆形或宽楔形，边缘有疏生具腺细锯齿，近基部全缘，上面光亮，幼时中

图1－2 石楠花枝

图1-3　石楠嫩枝

图1-4　石楠芽

图1-5　石楠小枝

图1-6　石楠花枝

图1-7　石楠花

图1-8　石楠果枝

脉有茸毛，成熟后两面皆无毛，中脉显著，侧脉25～30对；叶柄粗壮，长2～4cm，幼时有茸毛，以后无毛。花期6～7月，复伞房花序顶生，直径10～16cm；总花梗和花梗无毛，花梗长3～5mm；花密生，直径6～8mm；萼筒杯状，长约1mm，无毛；萼片阔三角形，长约1mm，先端急尖，无毛；花瓣白色，近圆形，直径3～4mm，内外两面皆无毛；雄蕊20，外轮较花瓣长，内轮较花瓣短，花药带紫色；花柱2，有时为3，基部合生，柱头头状，子房顶端有柔毛。果10～11月成熟，果实球形，直径5～6mm，红色，后成褐紫色，有1粒种子；种子卵形，长2mm，棕色，平滑（见图1-2至图1-8）。

[**生长习性**] 喜温暖、湿润气候；喜光稍耐阴，深根性，对土壤要求不严，但以肥沃、湿润、土层深厚、排水良好、微酸性的沙质土壤最为适宜，能耐短期-15℃的低温，耐干旱瘠薄，能生于石缝中，不耐水湿。萌芽力强，耐修剪，对烟尘和有毒气体有一定的抗性。

[**地理分布**] 产于陕西秦岭南坡海拔700～1000m、甘肃南部、河南大别山、安徽淮河流域以南、江苏、浙江、江西、福建、台湾、湖南、湖北、四川、贵州、云南、广西、广东等地；生于海拔2500m以下山坡、溪边、杂木林及马尾松林内；各地庭园习见栽培。日本、印度尼西亚也有分布。

[**利用价值**] 石楠根、茎、叶药用，可解热、镇痛、利尿、补肾。叶磨粉水浸液可防治蚜虫，并对马铃薯病菌孢子发芽有抑制作用。种子可榨油。木材坚韧紧密，可制车轮、器具柄及工艺品。树形优美，园林中常用于孤植、丛植（如花坛中央或路旁三角地）。

椤木石楠 *Photinia davidsoniae* Rehd. et Wils.

别名： 水红树花、梅子树、凿树、山官木

[**形态特征**] 常绿乔木，高达15m。树干有时具刺；幼枝

图1-9 椤木石楠嫩枝

图1-10 椤木石楠枝刺

图1-11 椤木石楠枝刺

图1-12 椤木石楠嫩枝

图1-13 椤木石楠嫩枝

图1-14 椤木石楠老枝

疏被平伏柔毛，老时无毛。叶革质，长圆形或倒披针形，长5～15cm，先端急尖或渐尖，具短尖头，基部锲形，边缘稍反卷，具细腺齿，上面中脉被平伏柔毛，后脱落无毛，侧脉10～12对；叶柄长0.8～1.5cm，无毛。复伞房花序，总梗及花梗被平伏柔毛；萼疏被柔毛；花瓣圆形，爪极短，无毛；花柱2，基部连合。果球形或卵形，径0.7～1cm，黄红色，无毛。种子2～4粒，卵形，长4～5mm，褐色。花期5月；果实9～10月（见图1-9至图1-14）。

[生长习性]喜光、喜温、耐旱，对土壤肥力要求不高，在酸性土、钙质土上均能生长。

[地理分布]产于陕西秦岭南坡海拔800m以下，在安徽、江苏、浙江、福建、江西、湖南、湖北、四川、云南、广西、广东等地生于海拔1000m以下的平川、山麓、溪边或灌丛中。越南、缅甸、泰国也有分布。

[利用价值]椤木石楠是速生的优良用材树种，其木材心材宽，红棕色，边材窄，色较浅。纹理直稍偏斜，结构细密，质地坚韧而重，刨面光滑，有光泽，色纹美观，供雕刻、工艺品和车轮、车轴等工艺用材。其树形优美，四季常绿，果橙红色，与绿叶相衬，颇为美观，也是优良的庭园观赏树种。

五、石楠属植物习性

石楠属植物喜温暖、潮湿、阳光充足的环境。耐寒性强，最低能耐-18℃。喜强光照，也有很强的耐阴能力。适宜各类中肥土质，耐土壤瘠薄，有一定的耐盐碱性和耐干旱能力，不耐水湿，能生长于石缝中。生长慢，萌芽力强，耐修剪。

六、石楠属植物用途

（一）用材

石楠属植物木材坚韧，可作伞柄、秤杆、算盘珠、家具、农具等用。

（二）观赏

石楠属植物一年四季叶色多变，夏天开白花，花序密集，秋季结多数红色小果，是优良的园林观赏树种。

（三）药用

《本草纲目》谓"石楠，古方为治风痹肾弱要药……，服此药者，能令肾强"；《医林纂要》称"润肾补肝，壮命门火"；《药性论》载"能添肾气"；前人尚有"久服令妇人思男"之说，故其有益肾助阳、强筋壮骨、祛风通络之效。石楠性平、味苦辛，入肝肾经，有祛风、通络、益肾之功效；用于治疗风湿痹痛、荨麻疹、腰膝酸软、足膝无力、肾虚脚弱、偏头痛等，在抗炎、保肝、止疼、强心、提高免疫、抗肿瘤等方面有显著疗效。其根、枝和叶供药用，有行血止血、止痛等功效，用于黄疸、乳痈、牙痛。

七、石楠属植物保护现状

石楠属的大部分物种无危，但根据2004年中国物种红色名录评定，受威胁物种见表1-4，因此，需要对以下石楠属物种采取保护措施。

表1-4　石楠属植物受威胁物种

序号	中文名	拉丁学名	濒危等级
1	安龙石楠	*Photinia anlungensis*	极危CRB1ab（ⅱ）

（续）

序号	中文名	拉丁学名	濒危等级
2	椭圆叶石楠	*Photinia beckii*	濒危ENA2c
3	临桂石楠	*Photinia chihsiniana*	濒危ENA2c
4	宜山石楠	*Photinia chingiana*	极危CRB1ab（ii,v）
5	广西石楠	*Photinia kwangsiensis*	濒危ENA2c
6	棉毛石楠	*Photinia lanuginosa*	濒危ENA2c
7	窄叶石楠	*Photinia stenophylla*	易危VUA2c

附：Mace—Lande物种濒危等级定义了8个等级供参考。

1. 灭绝：如果一个生物分类单元的最后一个个体已经死亡，列为灭绝。

2. 野生灭绝：如果一个生物分类单元的个体仅生活在人工栽培和人工圈养状态下，列为野生灭绝。

3. 极危：野外状态下一个生物分类单元灭绝概率很高时，列为极危。

4. 濒危：一个生物分类单元虽未达到极危，但在可预见的不久将来，其野生状态下灭绝的概率高，列为濒危。

5. 易危：一个生物分类单元虽未达到极危或濒危的标准，但在未来一段时间中其在野生状态下灭绝的概率较高，列为易危。

6. 低危：一个生物分类单元，经评估不符合列为极危、濒危或易危任一等级标准的，则列为低危。

7. 数据不足：对于一个生物分类单元，若无足够的资料对其灭绝风险进行直接或间接的评估时，可列为数据不足。

8. 未评估：未应用有关IUCN濒危物种标准评估的分类单元列为未评估。

第二章
红叶石楠研究概况

　　红叶石楠是蔷薇科石楠属杂交种或选育栽培种的统称，常绿小乔木，一般作灌木状栽培，因其具有鲜红色新梢和嫩叶而得名，又名"火焰红"或"千年红"。此外，还有"红叶苗木之王"、"红叶贵妃"、"红衣卫士"和"红叶绿篱之王"等美称，具有较高的观赏价值。

一、红叶石楠主要品种介绍

（一）红叶石楠品种由来

　　最早的红叶石楠是1940年由Ollie W.Fraser在美国亚拉巴马州伯明翰市的费舍苗圃的种苗堆里发现的，由石楠（*Photinia serrulata*）和光叶石楠（*Photinia glabra*）双亲本杂交而成，并被命名为费氏石楠（*Photinia × fraseri*），其含义是新叶的颜色红色。直到1955年费舍将'红唇'卖给一个中等规模的园艺主Tom Dodd，从此'红唇'成为美国南方特色植物之一。'卷毛幻想'（*Photinia × fraseri* 'Curly Fantasy'）、'粉红大理石'（*Photinia × fraseri* 'Pink Marble'）、'红罗宾'（*Photinia × fraseri* 'Red Robin'）、'红唇'（*Photinia × fraseri* 'Red Tip'）、'强健'（*Photinia × fraseri* 'Robusta'）以及'笔直生长'（*Photinia × fraseri* 'Super Hedger'）均是从费氏石楠的杂交后代中选育而成的优良品种。而'鲁宾斯'（*Photinia glabra* var. *rubens*）、'红魔'（*Photinia glabra* var. *reddevil*）、'冻糕'（*Photinia glabra* var. *parfait*）等都是由日本园艺家从光叶石楠中选育而成的，也是日本应用最广泛的品种。

（二）我国红叶石楠的共同特征

　　从20世纪90年代末，我国一些单位（包括江苏农林职业技术学院）通过不同渠道从日本、美国、新西兰和荷兰等国分别引进品种化栽培的石楠品种。中文译名各不相同，根据各方提供的学名，我国引种的红叶石楠*Photinia × fraseri*（*P. glabra* × *P. serrulata*）栽培种有：

① *Photinia × fraseri* 'Camilvy' 红叶石楠 '火焰'。

② *Photinia × fraseri* 'Curly Fantasy' 红叶石楠 '卷毛幻想'。

③ *Photinia × fraseri* 'Cassini' （'Pink Marble'）红叶石楠 '粉红大理石'。

④ *Photinia × fraseri* 'Red Robin' 红叶石楠 '红罗宾'。

⑤ *Photinia × fraseri* 'Red Tip' 红叶石楠 '红唇'。

⑥ *Photinia × fraseri* 'Robusta' 红叶石楠 '强健'。

⑦ *Photinia × fraseri* 'Super Hedger' 红叶石楠 '笔直生长'。

⑧ *Photinia × fraseri* 'Parvifolia' 红叶石楠 '小叶'。

⑨ *Photinia × fraseri* var. *rubens* 红叶石楠 '鲁宾斯'。

红叶石楠引入我国栽培后具有许多共同特征，主要包括以下几点：

① 均不是原种，而是由原种经过长期杂交或选育而成，在国外均已广泛应用。

② 均是从国外引进的栽培品种。

③ 叶色比原种颜色更红，且红色时间更长。

④ 均是目前国外红色绿篱的主栽品种之一，技术和应用成熟。

⑤ 在栽培技术和园林应用上没有明显区别。

（三）主要品种介绍

'火焰'　*Photinia × fraseri* 'Camilvy'

[**形态特征**] '火焰'株高4m左右，1年生枝条红色，枝干粗壮，株型松散，修剪成球形不紧凑，叶椭圆状卵形，大而厚，14~22cm，叶缘锯齿整齐，新芽红色，新叶鲜红色，叶背光滑，叶片形态特征见图2-1。

[**生长习性**] '火焰'红叶期约为195天左右，单个叶片红叶期35天左右。秋天当其他品种嫩枝停止生长休眠时，'火焰'还会长出嫩梢，嫩枝和幼苗抗寒能力差，在江苏，秋季发出的嫩叶易冻害。

图2-1 '火焰'（ *Photinia×fraseri* 'Camilvy' ）

'鲁宾斯' *Photinia glabra* var. *rubens*

[**形态特征**] '鲁宾斯'是由日本园艺家从光叶石楠中选育而成，也是日本应用最广泛的品种。它株型较小，一般高3m左右，1年生枝条颜色灰暗，分枝能力一般；'鲁宾斯'叶椭圆形，叶先端渐尖，具细锯齿，叶片较小，约为6.1～7.7cm左右，比'红罗宾'、'红唇'、'强健'要小，叶片表面角质层较薄，叶色亮红，但光亮程度不如'红罗宾'，叶片形态特征见图2-2。

[**生长习性**] 春季红叶时间比其他品种要早7～10天，整体红叶期达到183天，春天新叶红似火漆，秋后叶色鲜红。萌芽与成枝力一般，抗寒性极强，最低可耐-18℃低温，品种稳定。

图2-2 '鲁宾斯'（*Photinia glabra* var. *rubens*）

'红罗宾' *Photinia×fraseri* 'Red Robin'

[**形态特征**] '红罗宾'株型较高大，一般可达5m；1年生枝条红色，枝干粗壮，株型紧凑，萌芽能力强，生长速度快、耐修剪；叶片较大，12~20cm，叶椭圆状倒卵形，叶缘锯齿明显、粗大，个体差异比其他品种大；叶片表面的角质层较厚，看起来特别光亮，叶铁红色，当温度达到30℃时转为绿色，新叶较其他品种更容易焦叶，叶片形态特征见图2-3。

[**生长习性**] '红罗宾'红叶期为190天左右，单个叶片红叶期为30天左右。抗寒能力强，能耐最低温度为-12℃。

图2-3 '红罗宾'（*Photinia×fraseri* 'Red Robin'）

'小叶' *Photinia×fraseri* 'Parvifolia'

[形态特征]　'小叶'是目前园林景观中大量应用的红叶石楠的升级品种，与红叶石楠其他品种相比较，具有株型矮小、萌芽力强、分枝紧密、冠型紧凑、红叶期更长、观赏性更好等优点。'小叶'叶片短小，一般2~6cm，高度可达到1m，红叶期长，但短于'红罗宾'和'鲁宾斯'，在春季嫩枝、新叶抽枝萌发，均呈鲜红色，艳丽夺目，直至5月中下旬，叶片开始转绿，9月下旬再次萌发新叶嫩枝，呈现艳明的鲜红色，且色泽鲜亮，叶片形态特征见图2-4。

[生长习性]　'小叶'红叶期约为170天左右，单个叶片红叶期为30天左右。'小叶'耐寒性良好，可以忍受极端低温达到-20℃，是常见品种中抗寒性最强的品种之一，在寒冷的北方地区也能正常生长，具有耐盐碱、耐贫瘠及良好的抗旱性、较强的耐阴能力，其生长速度适中，相比其他品种生长较慢，可以减少修剪次数，降低用工成本及减少劳力。

图2-4 '小叶'（*Photinia×fraseri* 'Parvifolia'）

'强健' *Photinia×fraseri* 'Robusta'

[**形态特征**] '强健'株高7～8m，冠径5～6m，因生长特别强健而得名。1年生枝条颜色较绿，萌芽和成枝力强，极耐修剪。与其他品种相比，生长更快，枝条更为粗壮，直立性强，叶片更大，叶为椭圆形至卵圆形，叶长7.1～9.6cm，叶片具钝锯齿，叶柄较其他品种长，约2.0～2.3cm，但叶片红色持续的时间较其他品种短，叶颜色较淡，为带粉的橙红色，叶片形态特征见图2－5。

[**生长习性**] '强健'叶片红色持续的时间较其他品种短，整体红叶期只有140天左右，单个叶片红叶期为23天左右。耐寒性较差。

图2－5 '强健'（*Photinia×fraseri* 'Robusta'）

'红唇' *Photinia×fraseri* 'Red Tip'

[**形态特征**] '红唇'株高3～6m，冠幅约是株高的一半；枝条较纤细，叶椭圆状卵圆形至椭圆形，叶长7～10cm，长宽比为2：1，叶先端锐尖，基部楔形，叶缘有整齐的小锯齿，新芽红铜色，新叶红色，微粉红色，老叶转变成有光泽的深绿色，叶背面渐淡；叶柄长1.0～2.5cm，被茸毛。是美国栽培量最大的品种，叶片形态特征见图2－6。

[**生长习性**] '红唇'整体红叶期约210天左右，单个叶片红叶期为28天左右。耐寒性较差。

图2－6 ‘红唇’（*Photinia×fraseri* ‘Red Tip’）

除了本书重点介绍的这6个品种外，国外文献曾有报道的石楠属植物还有非杂交石楠栽培品种‘一针见血’（‘Aclfleata’）、‘罗啕’（‘Rotundiloba’）、‘绿巨人’（‘Green Giant’）；石楠与光叶石楠杂交品种‘伯明翰’（‘Bimingham’）、‘印度公主’（‘Indian Princess’）、‘肯塔基’（‘Kentucky’）；光叶石楠品种还有‘罗斯玛’（‘Rosea Marginata’）和‘砝勒’（‘Variegata’）等。

二、红叶石楠的四季表现

自然条件下，红叶石楠全年萌芽3～4次，春至夏抽梢2次，新叶从淡象牙红到鲜亮红再到淡红，至盛夏转深绿色，高温期长则绿叶期延长，至初秋再萌芽1～2次（南方地区萌芽2次，北方低温地区萌芽1次），至10月下旬停止发芽抽枝，叶片从11月下旬开始转绿。江浙沪地区10月下旬修剪则发出新芽，红色持久整个冬天，至春季逐渐转为绿色。这两个时期是红叶石楠最鲜艳、最悦目的时间，也是红叶石楠在观赏中独树一帜的关键时刻。

红叶石楠喜光，稍耐阴，全日照下效果更佳。所以，如果主要是为了观赏红叶，其一般不宜在林下配植，但可应用于林缘。红叶石楠喜温暖湿润气候，较耐寒，在－20～35℃的环境都能生长（耐－20℃短期低温）。红叶石楠对土壤质地要求不高，但在肥沃、排水良好的沙质土，pH5.5～7.0时生长更好，叶色泽更红艳。在干旱瘠薄土壤中也能生长，但不耐湿。对二氧化硫、一氧化碳等有害气体抗性较强。红叶石楠生长旺盛、适应性强、萌芽力强、极耐修剪。修剪后新梢红叶期可持续4～8周。移植容易。

三、红叶石楠适宜栽植地区

红叶石楠耐低温、耐瘠薄土壤，有一定的耐盐碱性和耐干旱能力，适应性强。'鲁宾斯'耐寒能力相对较强，最低可达－18℃，'红罗宾'耐寒能力为－12℃；'小叶'可以忍受－20℃的极端低温，是常见品种中抗寒性最强的品种之一，在寒冷的北方也能正常生长；'强健'和'红唇'的耐寒能力较弱。目前报道，我国红叶石楠适宜栽植的区域有上海、山东、江苏、浙江、安徽、河南、河北、陕西（黄土高原以南）、湖南、湖北、四川、江西、贵州、山西（大同、榆次一带）、甘肃（兰州）、新疆喀什等地，其品种个体表现了顽强的生命力。

四、红叶石楠研究方向

（一）新品种选育

由于红叶石楠存在不同的类型，比如'鲁宾斯'红叶期最长，火红色，树冠紧凑，抗寒性强，耐－18℃的低温；'红罗宾'红叶期较长，红色，有亮度，耐－12℃的低温；从红叶石楠中选育出的'小叶'新品种和其他品种相比，植株更矮小、更耐低温、更耐修剪。所以，可根据不同红叶石楠的类型和园林绿化的需要进行杂交选育，可能会培育出红叶期更长、叶更红、树冠更紧凑、抗寒性更强的新品种。红叶石楠新品种的选育有待更进一步研究。

（二）适生区域

红叶石楠在园林栽植实践中，黄河以南地区已经大面积推广，大部分城市已把它作为绿篱或色块栽植，生长均良好。黄河以北地区目前还没进行深入研究，特别是越冬问题，有待于进一步研究。

（三）栽植密度

红叶石楠作为绿篱或色块栽植时，其密度一般以控制在40cm×40cm为佳，但是红叶石楠大树孤植、片植和行道树等栽植密度，有待于更进一步研究。

（四）药用价值

石楠属植物药用价值高、研究前景广阔，但目前红叶石楠研究范围较窄，且成分、药理及临床研究都不够深入，值得加大研究力度，从而为人类健康提供新药源。

第三章

红叶石楠繁殖技术

红叶石楠在20世纪90年代末引入我国，由于种源少，主要通过组培快繁技术培育后代，等种群达到一定数量后采用扦插育苗技术满足园林绿化的需要。目前，生产单位很少使用播种育苗、嫁接育苗和压条育苗等方法繁殖红叶石楠。

一、红叶石楠组培快繁技术集成

红叶石楠在引种初期由于种苗少，采用扦插繁殖速度较慢，用组织培养技术对红叶石楠进行离体快速繁殖、迅速扩大种群数量具有重要的现实意义。为了降低红叶石楠组培育苗成本，提高组培繁殖效率，推广组培应用技术，我们研发了红叶石楠组培高效快繁技术，并在生产中得到了推广应用。

（一）高效培养基筛选

植物组织培养是根据植物细胞具有全能性的理论，利用植物体离体的器官、组织或细胞以及原生质体，无菌操作，在人工控制的适宜培养基及温度等条件下进行培养，诱导出愈伤组织、不定芽、不定根，最后形成再生的完整植株，故又称离体培养。

为了加快红叶石楠良种繁育速度，我们开展了高效培养基筛选的研究，并成功筛选出一套从新品种外植体材料选择与灭菌—初代培养—继代增殖培养—生根培养—炼苗移栽等各阶段高效培养技术，形成了快速繁殖红叶石楠的完整工艺流程。

1. 外植体消毒

采集嫩枝先端未木质化和半木质化部分为外植体，用流水冲洗干净备用。将洗干净的外植体材料用75%的乙醇溶液浸泡杀菌30秒，无菌水冲洗2~3次，然后，置于消毒剂中消毒，消毒液分别采用10%$Ca(ClO)_2$、0.1%$HgCl_2$、17%H_2O_2；表面消毒后用无菌水冲洗3~4次，沥干水后迅速将带一个腋芽或芽的茎段以形态学下段朝下，垂直接到诱导培养基MS+0.05mg/L

NAA+2.0mg/L 6 - BA中进行培养。

2. 初代培养

将接种后20天的无菌苗转移到诱导休眠芽萌动培养基MS+0.05mg/L NAA+2.0mg/L 6 - BA上5～7天茎尖开始萌动，10天腋芽萌动，芽逐步长大，继续培养20天，茎段上所有腋芽均萌发成侧枝，侧枝生长正常，叶片深绿色，茎基部愈伤组织较少。

3. 增殖培养

当红叶石楠腋芽长到2cm左右，可切下芽接入继代培养基中进行增殖培养（见图3－1）。经过实验筛选，分化较好的芽增殖培养基为MS+1.0mg/L BA+0.1mg/L NAA，将试管苗侧枝分割成2～3芽为一段接种于该培养基上，10天后茎段叶芽萌动，30天长成大量侧枝，并有大量双生枝和三生枝产生。接种茎段形成具有5侧枝的丛生苗，平均增殖5.9倍。试管苗表现为节间

图3－1 不同培养基增殖培养结果

明显伸长，幼嫩叶片茎干均呈淡红色，叶片大，茎干较粗，组织不充实，茎基部愈伤组织大。以后每30天继代1次，将诱导出的无菌丛芽分割，切段接种于培养基MS（BA1.0，NAA0.1）、1/2MS（BA1.0，NAA0.1）、B5（BA1.0，NAA0.1）、SH（BA1.0，NAA0.1）中进行增殖培养，经过25天的培养，统计芽增殖数。统计结果见表3-1。

表3-1　不同基本培养基增殖培养效果

培养基	激素种类和浓度（mg/L）	平均高（cm）	增殖倍数（倍）
MS	1.0BA+0.1NAA	1.58	5.9
1/2MS	1.0BA+0.1NAA	1.32	5.2
B5	1.0BA+0.1NAA	1.18	4.9
SH	1.0BA+0.1NAA	1.16	4.9

4. 壮苗培养

将经增殖培养的试管苗，每继代3～4次后转移到壮苗培养基MS+0.5mg/L NAA+0.5mg/L 6-BA上，40天后形成大量侧枝，平均每茎段4～6个侧枝，侧枝平均长1.8cm，平均增殖3.1倍，基本无双侧枝或三侧枝。侧枝生长健壮，组织充实，叶色深绿，基部愈伤组织小，黄绿色，无玻璃化现象。

5. 离体叶片体细胞胚诱导培养

红叶石楠离体叶片体细胞胚诱导快繁培养方法为：通过选择适宜外植体、改良基本培养基及成分、调整培养条件等配套措施，使种子繁殖困难的红叶石楠通过体细胞胚胎发生途径快繁，并使得植株移栽成活率达到95%以上，种苗生长健壮，可有效解决优良种苗种质退化问题，也可为生产上提供大量优质提纯复壮的脱毒苗木。此外，还可为红叶石楠遗传转化或诱变育种选育新品种提供一个理想的受体体系。

6. 生根培养

当红叶石楠无根苗长到高2cm左右时，转移到生根培养基1/2MS+1.0mg/L BA上培养（见图3-2）。提高光照度到25001x，延长光照时间到每天16小时。一般经一周左右可见红色根生成，15天后开始有根原基形成。30~40天后根长1~3cm时即可炼苗及驯化，准备移栽。20~25天调查生根情况，生根

图3-2 红叶石楠试管内生根

表3-2　不同种类激素和浓度生根培养结果

激素种类	质量浓度（mg/L）	生根率（%）	生根量（根/株）
IAA	0	0	0
	0.5	15.2	1.06
	1.0	33.4	1.21
	1.5	59.3	1.35
	2.0	52.9	1.44
IBA	0.5	65.9	1.67
	1.0	82.0	1.84
	1.5	29.8	1.48
	2.0	24.4	1.43
NAA	0.5	43.6	1.10
	1.0	50.5	1.25
	1.5	42.0	1.44
	2.0	27.3	1.37

率达66.3%，每苗平均生根1.2条。将生长健壮、增殖苗长至2cm以上的有效苗分割接入生根培养基中，用不同种类的激素和不同质量浓度进行实验，其结果见表3－2。

7. 炼苗移栽

根据我们实验，红叶石楠组培苗移栽可省略培养瓶内炼苗过程，如能在温室中拧松瓶盖放置3～5天，炼苗则更好，但要注意温度控制在20～30℃。如能在早春和秋冬移栽到温床上效果最佳。在江浙一带过渡苗床可建在普通单体塑料大棚内，基质以蛭石（Ⅴ）：珍珠岩（Ⅴ）：泥炭（Ⅴ）=6：3：1较好。温度控制在20～25℃，湿度在移栽前后3～5天控制在95%以上，一周后控制在85%～95%，并喷施800～1000倍甲基托布津或百菌清或500倍多菌灵药液，每隔一周喷施一次，20天即可成活，成活率达80%以上（见图3－3）。

图3－3 红叶石楠组培移栽成活小苗

　　此外，为了节省外植体的使用量，提高繁殖系数和离体培养的效率，我们研发了'小叶'叶片离体培养新方法。以叶片为外植体，采用改良MS培养基，每升基本培养基附加玉米素（ZT）0.5~1.0mg、6-苄基嘌呤（BA）0.5~1.0mg、α-萘乙酸（NAA）0.1~0.2mg、2,4-二氯苯氧乙酸（2,4-D）0.5~1.0mg，去分化离体培养成愈伤组织；再采用改良MS培养基，每升基本培养基含玉米素（ZT）1.0~2.0mg、6-苄基嘌呤(BA)1.0~2.0mg、α-萘乙酸（NAA）0.05~0.1mg，进行愈伤组织分化培养形成不定芽；培养35天后繁殖系数达4.8倍，生长高度达3.9cm（见表3-3、表3-4、表3-5）。

表3-3　不同基质对红叶石楠移栽成活率的影响

基质配比（V/V）	移植株数（株）	成活株数（株）	成活率（%）
蛭石：珍珠岩：泥炭=6：3：1	1000	954	95.4
蛭石：珍珠岩=1：1	910	655	72.0
砻糠灰：河沙：珍珠岩=4：3：3	960	821	85.5
砻糠灰：珍珠岩=6：4	700	505	74.2

表3-4　移栽5天内不同湿度对幼苗成活率的影响

相对湿度（%）	移植株数（株）	成活株数（株）	成活率（%）
70	210	21	10.0
80	317	96	30.3
90	290	163	56.2
100	300	267	89.0

表3-5　不同移栽时期及温度对幼苗成活率的影响

移栽时间（月）	棚内温度（℃）	移栽株数（株）	成活株数（株）	成活率（%）
1	10~26	975	936	96.0
3	18~34	863	751	87.0
5	23~38	616	468	76.0
7	28~43	400	156	39.0
9	21~34	720	591	82.1
11	18~32	700	655	93.6

（二）膜袋式组培技术

利用组织培养生产红叶石楠种苗已经成功，但在生产中存在着高质量种苗少、生产成本高等问题，尚需因地制宜来解决。

在红叶石楠工厂化组培育苗中培养瓶多采用玻璃容器，如广口瓶、牛奶瓶、罐头瓶等；也有采用PVC材料培养瓶培养。这些容器便于操作、空间大、气体条件好、利于植物生长。但玻璃制品易破损、不便于运输、PVC材料价格较贵、成本较高。

我们采用一种新型的用流延工艺生产的聚丙烯薄膜（蒸煮级CPP）塑料袋。该塑料袋透明度极好，厚度均匀，且纵横向的性能均匀，能耐121℃、30分钟的高温蒸煮，耐油性、气密性较好，热封强度较高，作为红叶石楠组培容器使用。通过采用

图3-4 膜袋式与瓶式培养

透气但不透水、不透菌的高分子薄膜袋代替玻璃瓶进行红叶石楠增殖及生根培养，在同一培养基条件下，对种苗生长、接种效率、污染率、移植成活率效果等方面进行比较研究，取得了较好的效果（见图3－4、图3－5）。

图3－5 膜袋式培养（包括透气改良型膜袋培养）

为了研究袋式组培应用效果，我们选用红叶石楠'红罗宾'组培分化苗为供试材料，采用常规瓶式培养方式和袋式培养方式进行增殖、生根培养。结果显示两种培养方式生产的组培苗生长状况无明显差异，表现出增殖系数大，生长正常，生根快且根系发达，生根率达到92%，苗健壮，质量好，移栽成活率高达85%以上；在培养基灭菌和接种效率、污染率、移植成活率、培养空间利用率和炼苗效率等方面，袋式培养优于常规瓶式培养，可提高生产效率，达到节能增效的目的（见表3－6、表3－7、表3－8、表3－9）。

表3-6　瓶式培养与膜袋培养及不同膜袋材料规格
对组培苗污染率及生长的影响

规格	污染率(%)	增殖倍数	生长高度(cm)	形态
CK（瓶培）	3.5	3.8	4.1	茎叶生长正常、叶色浓绿、无玻璃苗
MD~1	2.5	3.9	4.5	茎叶生长正常、叶色浅绿、玻璃苗少
MD~2	2.8	3.9	4.6	茎叶生长正常、叶色浅绿、玻璃苗少
MD~3	2.8	4.2	4.7	茎叶生长正常、叶色浅绿、玻璃苗少
MD~4	2.5	4.1	4.8	茎叶生长正常、叶色浅绿、玻璃苗少
MD~5	2.8	4.0	4.9	茎叶生长正常、叶色浅绿、玻璃苗少
MD~6	2.9	3.8	4.8	茎叶生长正常、叶色浅绿、玻璃苗少
MD~7	2.1	4.1	4.6	茎叶生长正常、叶色浓绿、无玻璃苗
MD~8	2.2	4.3	4.8	茎叶生长正常、叶色浓绿、无玻璃苗
MD~9	2.3	4.1	4.6	茎叶生长正常、叶色浓绿、无玻璃苗
MD~10	2.0	4.2	4.5	茎叶生长正常、叶色浓绿、无玻璃苗
MD~11	2.0	4.5	4.8	茎叶生长正常、叶色浓绿、无玻璃苗
MD~12	2.1	4.4	4.6	茎叶生长正常、叶色浓绿、无玻璃苗
MD~13	2.5	3.4	3.5	茎叶生长较慢、叶色浅绿、玻璃苗多
MD~14	2.4	3.5	3.8	茎叶生长较慢、叶色浅绿、玻璃苗多
MD~15	2.3	3.5	3.9	茎叶生长较慢、叶色浅绿、玻璃苗多
MD~16	2.3	3.4	3.9	茎叶生长较慢、叶色浅绿、玻璃苗多
MD~17	2.5	3.3	3.7	茎叶生长较慢、叶色浅绿、玻璃苗多
MD~18	2.3	3.7	3.9	茎叶生长较慢、叶色浅绿、玻璃苗多

表3-7　培养容器对红叶石楠'红罗宾'试管苗增殖培养的影响

培养容器	增殖倍数	生长高度(cm)	形态
PVC材料培养瓶	3.8	4.1	茎叶生长正常、叶色浓绿、无玻璃苗
袋式容器	4.3	4.6	茎叶生长正常、叶色浓绿、无玻璃苗

表3-8　培养容器对红叶石楠'红罗宾'试管苗生根培养的影响

培养容器	生根时间(天)	平均根数(根)	平均根长(cm)	生根苗长势
PVC材料培养瓶	30~35	4.3	1.2	生长正常、叶色浓绿
袋式容器	30~35	5.8	0.7	生长正常、叶色浓绿

表3-9　不同培养容器生根苗移栽成活率的比较

培养容器	成活率(%)
PVC材料培养瓶	78.4
袋式容器	85.0

研究结果表明：在红叶石楠'红罗宾'组培育苗中袋式培养较传统瓶式培养效果好，其中采用厚度为60μm的膜袋材料制作的培养膜袋效果最佳，能有效控制污染，污染率明显下降，从而降低了红叶石楠组培育苗的生产成本。同时，薄膜袋质地轻、体积小、不易破损、装箱和搬运方便，便于运输和推广。

袋式组培繁育的袋培苗与传统瓶培苗无论在形态上，还是在增殖、高生长、生根等各培养阶段都无差异，但在污染率、空间利用率等方面都取得了较好的效果。此外，为解决培养周期长，对好气性植物，尤其是木本植物对气体交换的需要，增加袋式容器的透气性，同时又不增加污染率和培养基水分损失，开发出更符合好气性植物组培的加强透气型膜容器。袋式组培材料的国产化，可节省大量外汇，而透气性改良则大大增加袋式组培应用范围（从草本植物扩大至草本、红叶石楠等木本植物皆宜）。

（三）抑菌培养基应用技术

在红叶石楠组培繁殖中污染是最常见的现象，也是影响繁殖效率和培养成本的重要因素。为此，我们开展了抑菌培养基的研制与应用试验，采用医药抗生素类杀菌剂防治红叶石楠组培污染病源菌。

我们采用医用抗生素氨苄西林钠、硫酸链霉素、头孢拉定及其组合防治红叶石楠'红罗宾'试管苗细菌污染试验，结果表明：单独使用一种抗生素时，抗菌及试管苗生长、生根情况不如组合使用效果好，使用抗生素氨苄西林钠比另外两种抗生素效果好；组合使用抗生素时，培养基附加氨苄西林钠与硫酸链霉素各50mg/L，对污染菌的抑菌率为100%，同时在增殖系数、苗高、生长势方面都表现最好，并对红叶石楠'红罗宾'试管苗的生根有明显的促进作用，氨苄西林钠与头孢拉定抗菌组合效果次之，效果好于硫酸链霉素与头孢拉定组合。

我们采用农药类抑菌剂对红叶石楠组培快繁主要污染病源菌控制试验，结果表明：采用平板生长抑制法、菌丝生长速率法和孢子萌发试验法检测了几种抑菌剂对植物组织培养中常见细菌和真菌的抑菌作用是：LY－1（自行配制）抑菌作用具广谱性，对微球菌、葡萄球菌最低抑菌浓度均为62.50mg/L；对棕曲霉、黑青霉菌丝生长最低抑菌浓度分别是15.63、7.81mg/L；对棕曲霉、黑青霉孢子萌发最低抑菌浓度均为3.91、62.50mg/L；对红叶石楠试管苗生根、分化及生长无抑制作用。

（四）杯罩式覆盖炼苗技术

红叶石楠组培苗的移栽是组培技术的关键环节之一，组培移栽苗的保湿是移栽成功的重要因子。如果采用一般的薄膜封闭等方法易引起病菌蔓延和交叉感染，影响移植成活率。为此，我们研发与推广了红叶石楠组培苗移栽的杯罩式覆盖炼苗技术（见图3－6、图3－7）。

红叶石楠组培苗杯罩式覆盖炼苗技术主要应用于组培苗移栽到基质中进行驯化的过程中，即在移栽有组培苗的种植钵上加盖透光塑料杯，塑料杯口径略小于种植钵口径，使水分沿着杯壁均匀流入种植钵内，避免浇水时水与幼苗直接接触，从而减少病害的侵入。塑料杯底部有小孔，保证一定的透气性，同时减慢了水分的蒸发，保证炼苗过程中的杯内有较高的空气湿度，以满足炼苗过程中前期要求空气湿度高的需求，还在一定范围内保持了较高的温度，从而提高组培苗炼苗的成活率。

红叶石楠组培苗杯罩式覆盖炼苗与普通棚膜覆盖炼苗相比较其优点在于：杯罩式覆盖炼苗是单株覆盖控制湿度，一旦移栽试管苗发生霉菌等感染，只是单株发生，感染不会大面积蔓延而严重影响试管苗移栽成活，确保移栽的成活率。

组培快繁技术的集成，不仅降低了红叶石楠组培育苗成本，而且提高了红叶石楠的繁殖系数。

图3-6　红叶石楠杯罩式覆盖组培苗移栽

图3-7　红叶石楠杯罩式覆盖组培苗规模化移栽

二、红叶石楠扦插育苗技术集成

在组培快繁技术集成的基础上红叶石楠已经成功繁殖了一定基数的组织苗。为了节省成本，加快繁殖速度，我们开展了红叶石楠扦插繁殖研发，以形成高效繁殖体系。

红叶石楠扦插繁殖技术集成主要包括：嫩枝扦插、叶片扦插、短穗扦插和小拱棚扦插等技术；为了降低红叶石楠新品种的扦插成本，提高繁殖效率，推广扦插技术，我们还研发了大田高密度扦插育苗、轻基质网袋容器扦插、平衡根系容器苗培育和免移植扦插等技术，并很快在苗木生产单位得到了推广应用。

（一）扦插繁殖的生理特性

1. 植物器官的再生机能

具有生命的植物体，都是由胚细胞经过重复分裂繁殖，在形态和生理上进行分化，产生植物体各部器官和组织，这种重复和细胞分裂初期一样的遗传物质，具有再生成植物体各器官的遗传信息。即植物体每个细胞的分裂繁殖，不仅能复制与母本相同的机体，还具有弥补和恢复器官的潜在能力，这种细胞全能性的学说，为植物扦插繁殖提供了理论依据。

红叶石楠扦插繁殖是从亲本上切取的枝条制成插穗，在适宜的环境和营养条件下插入合适的基质中，利用自身的全能性和再生能力，在插穗的下断面处产生愈伤组织，形成生长点，生成大量的不定根，地上部分开始重新抽枝、生长，从而获得一个完整的与母株遗传性状完全一致的新植株。

2. 插穗生根的原理

插穗潜在的新梢系统早已存在，只是必须产生根系，才能构成一个完整的植株，而不定根的形成取决于根原基的产生。

红叶石楠插穗不定根的发源部位在幼嫩的次生韧皮部发生，其发育过程分为三个时期：一是细胞的分化期，由许多生活细胞在生根物质作用下，转变为分生组织状态，再经过分化繁殖形成细胞群，即根原细胞；二是根原细胞再经过繁殖分化形成可见的根原基；三是根原基内的细胞继续分化形成根尖的外形和微管组织，向内发育与茎的维管束相连接，向外生长穿过皮层或愈合组织，当从茎上出现时，就已形成完全的根冠和根组织。

3.插穗生根的类型

红叶石楠的扦插繁殖主要有枝插和叶插两种方式，扦插成活的关键是根的形成，插穗的形成层和维管束鞘组织形成根原体，之后发育长出不定根，形成根系。红叶石楠根的生成有两种类型：

(1)*皮部生根类型* 在枝条的形成层部位，具有很多薄壁细胞组成的根原始体或根原基，是产生大量不定根的物质基础。根原始体或根原基在适宜的温度和湿度条件下，经过一段时间后，就从皮孔中长出不定根。

(2)*愈伤组织生根类型* 插穗扦插后，即在伤口部位产生愈伤组织，愈伤组织生成后，细胞继续分化，形成根的生长点，在适宜的温湿度条件下，产生大量的不定根。

红叶石楠具有以上两种生根方式，在生长期，利用嫩枝扦插时，主要以愈伤组织为主；而叶片扦插和冬、春季硬枝扦插时，以皮部生根方式为主。在相同条件下扦插红叶石楠嫩枝，其品种之间生根时间有差异，如'红罗宾'扦插后约18天左右开始生根，而'鲁宾斯'需要1个月左右才生根。

（二）嫩枝扦插技术

以红叶石楠嫩枝为插穗，扦插试验表明：红叶石楠生根以愈伤组织生根为主（约占70%），兼有皮部生根，属于以愈合组织生根为主的愈伤组织生根类型。同时具有皮部和愈伤组织生根等两种以上生根类型的树种，其插穗容易生根。综合红叶石楠插穗生根力指数，影响生根的因素作用顺序由强到弱依次为激素、插穗类型、激素浓度和基质。生根率是评价插穗生根

性状和效果的重要指标，试验结果表明：激素种类是影响石楠插穗生根率的主导因素，其中以IBA处理的效果最好，用生长激素处理插穗，不仅有利于根原始体的诱导，而且能够促进不定根的生长。促进红叶石楠扦插生根应以珍珠岩（V）：泥炭（V）：砻糠灰（V）=1：1：1为扦插基质，剪取枝条中部，在IBA500mL/L中浸泡2小时为最佳处理组合（见图3-8、图3-9）。

图3-8 红叶石楠嫩枝扦插

图3-9 红叶石楠嫩枝扦插成活小苗

表3－10　不同处理对嫩枝扦插生根状况的影响及LSD多重比较

基质	激素	浓度（mg/L）	插穗类型	生根率（%）	根数	平均根长（cm）	生根力指数
珍珠岩：泥炭：砻糠灰=1：1：1	GGR	200	上部	41.97 e D	0.4 d D	2.88 cd BC	1.51 e F
	IBA	500	中部	98.16 a A	15.4 a A	6.39 b AB	97.47 a A
	NAA	1000	下部	79.58 d C	9.7 b B	5.05 bc BC	50.15 bc CD
珍珠岩：泥炭=1：1	GGR	500	下部	37.97 e D	0.6 d D	1.68 d C	0.90 e F
	IBA	1000	上部	94.16 b AB	14.7 a A	6.21 b AB	90.62 a AB
	NAA	200	中部	88.94 bc BC	10.3 b B	6.54 b AB	67.72 b BC
珍珠岩：砻糠灰=1：1	GGR	1000	中部	19.42 f E	2.9 cd CD	6.13 b AB	17.95 de EF
	IBA	200	下部	83.80 cd C	4.9 c C	9.56 a A	38.58 cd DE
	NAA	500	上部	85.86 cd C	9.7 b B	6.31 b AB	61.10 b CD

图3－10 红叶石楠叶插产生愈伤组织

图3－11 红叶石楠叶插生根长芽

（三）叶片扦插技术

为了节省扦插材料，我们选用了红叶石楠叶片作插穗试验，主要步骤有：

1. 将珍珠岩和砻糠灰按2:1～1:1的比例混合制成扦插基质；使用萘乙酸400～800mg、维生素B1 2～5mg、蔗糖20～50g和硼砂3～6g加水1kg配成混合溶液作为生根剂，备用。

2. 在夏秋季上午或阴天时，剪取当年生木质化或半木质化枝条，将枝条上除新发叶以外的叶片带皮掰下，在步骤1配制好的生根剂中速蘸后插入配制的基质中。

3. 将插好叶片的穴盘放在全光照间歇性喷雾下，根据气温和光照调节喷雾的时间和频率，10天左右叶片基部开始产生愈伤组织，15～20天左右从愈伤组织处长出根系，35～40天叶基部长出新芽，50天以后可以移栽（见图3－10、图3－11）。

以40～50cm长的枝条为例，可以摘取18～25片叶作插穗，但只能剪取3～4段12～15cm长枝条；

用叶片作插穗不影响原植株的生长，有利树型培养，并且摘取叶片省时省力。剪取枝条作插穗，除保留顶部半片叶，其余叶片均要剪除，且要注意保持上切口距顶芽1cm的距离，剪取一段枝条插穗的时间，可以摘取约10片叶片。叶片扦插与枝条扦插其愈伤组织和生根时间基本一致，叶片生根的数量略少于枝条，但两者的生根长度相差无几。因此，单位时间内使用叶片扦插所繁殖的红叶石楠苗木数量是枝条扦插的8倍左右，而且操作程序简单，省时省力，在红叶石楠苗木生产中具有重要的实践与推广意义。

（四）短穗扦插技术

对'小叶'短穗扦插试验表明：在全光照自动间歇喷雾条件下，插条生根率及根系生长因植物生长调节剂的种类浓度和处理时间、扦插基质的组分及插穗粗度的不同有明显差异。在6～8月，选择0.3～0.5cm粗度插条，采用400mg/L NAA与400mg/L IBA的混合液浸泡处理40秒后，扦插于沙：泥炭土：珍珠岩=1：1：1（体积比）混合基质中，生根率可达98.3％。

表3－11　不同种类的植物生长调节剂对插穗生根的影响

处理	种类生根率（％）	平均不定根条数（条）	最长根长（cm）	平均根长（cm）	二次梢长（cm）
NAA	83.7AB	7.3ab	3.3ab	2.8ab	2.8b
IBA	85.4AB	8.1b	3.8b	3.2b	3.1ab
NAA+IBA	98.3a	10.2a	5.1a	3.9a	3.5a
CK（清水）	51.4C	2.5c	2.1c	1.8c	1.8c

表3－12　不同处理时间的植物生长调节剂对插穗生根的影响

处理时间（秒）	生根率（％）	平均不定根条数（条）	最长根长（cm）	平均根长（cm）	二次梢长（cm）
10	82.7AB	7.2ab	3.2ab	2.9ab	2.7b
20	84.4AB	8.1b	3.6b	3.1b	3.2ab
40	98.3a	10.2a	5.1a	3.9a	3.5a
60	74.8C	6.8c	2.9c	2.7c	2.2c

表3-13　不同浓度处理的植物生长调节剂对插穗生根的影响

浓度 （mg/L）	生根率（%）	平均不定根条 数（条）	最长根长 （cm）	平均根长 （cm）	二次梢长 （cm）
400	83.7AB	7.8ab	4.0ab	3.1ab	2.9b
500	87.6AB	8.4b	4.5b	3.4b	3.2ab
800	98.3a	10.2a	5.1a	3.9a	3.5a
1000	79.3C	7.4c	3.8c	2.8c	2.2c

（五）小拱棚扦插技术

红叶石楠小拱棚扦插育苗技术主要包括（见图3-12、图3-13）：

1. 插前准备

⑴苗床准备　苗床宽度可为100cm左右。苗床底部均匀铺一层细沙以利排水，扦插基质最好用蛭石加泥炭，以利苗木生长。

⑵苗床消毒　在插前24小时，用"高锰酸钾"混合"敌克

图3-12　小拱棚扦插育苗

图3-13 红叶石楠小拱棚扦插苗

松"配成500倍液，对沙床仔细喷一次，确保苗床消毒。

（3）小拱棚和薄膜准备 挑选长度2.5m、宽2cm的细竹竿，特别注意要削去竹竿毛刺，以防穿透薄膜，透风不保温。小拱棚薄膜宽2m，长度依据苗床长度而定。

2. 扦插

(1)扦插时间 4月下旬至6月下旬，一般来说温度在15～35℃都可以，20～30℃最适宜。

(2)穗条的选取 剪取插穗和扦插最好选择在阴天早上10：00以前及下午4：00后进行，选取生长粗壮的半木质化的1年生枝条做插穗。插条剪留3～5cm长，小叶剪去一半留一半，上下剪口平剪，剪取穗条后一定要洒水保湿。

(3)生根剂处理 穗条下切口用IBA500mL/L中浸泡2小时或ABT500mL/L浸泡3小时，生根成活效果更好。

(4)扦插 短剪下的接穗要尽快扦插，尽量缩短剪穗到扦插的时间，扦插深度以3cm为宜。扦插密度按800株/m²左右，即以叶片不互相重叠为宜，扦插完毕，立即浇透水；叶面喷洒1000倍液的多菌灵或噁霉甲霜。

(5)搭小拱棚 叶面消毒后要立即搭好小拱棚，用塑料薄膜覆盖，四周密封，薄膜外再用3～4m竹片搭架覆盖透光率50%的遮阳网，或者在较高处平拉遮阳网。

3. 插后管理

(1)温度和湿度管理 红叶石楠扦插后30天内，棚内温度应控制在25～28℃，这段时间要经常检查。每天早晚用喷雾器对棚内进行喷水喷雾，保持棚内湿度。红叶石楠扦插后的晴天，特别是夏秋季高温期间，小拱棚上面要加盖遮阳网，控制小拱棚内的气温在38℃以下，否则容易烧苗，甚至造成整个小棚全军覆没；全部发根和50%以上发叶后，逐步除去小拱棚的薄膜和遮阳网。

(2)炼苗 扦插1个月后，可以根据插苗的生根状况逐渐通风炼苗。先将小拱棚两头打开进行通风，刚开始通一天关一天，7天后可两头打开，两头通风10天左右就可以将小拱棚一侧薄膜掀起来一点点，再过7天后掀起一半，7天后全部去除薄膜。注意在高温阶段一定要逐渐打开薄膜通风，如果一下子掀开，会导致苗子全部烧死。

（3）肥水管理 苗木扦插后要多加注意观察，发现苗木根部沙干要及时补水，但要注意干湿适中；肥料以薄肥勤施为原则，在苗木全部长根，大部分冒芽后，每7～10天用尿素和磷酸二氢钾500～1000倍喷洒。红叶石楠扦插一周后，在早晨或傍晚，要检查苗床，基质含水量为饱和含水量的60%～70%、空气相对湿度95%以上为宜。红叶石楠扦插20天后，有部分穗条发根。当多数穗条开始发根后，可逐步开膜通风，应适当降低基质含水量，保持在饱和含水量的40%左右。当有50%以上的穗条抽芽发出新叶片时，可除去薄膜，这时期应注意保持基质湿润。

4. 红叶石楠的病虫害防治

红叶石楠扦插育苗中常见的病虫害有灰霉病、叶斑病和介壳虫等，具体防治方法见第五章。

5. 红叶石楠小拱棚扦插育苗的优缺点

主要优点：

① 根据红叶石楠年生长发育规律，选择适宜的季节大量扦插，只要管理得当，就能获得很高的成活率。

② 小拱棚覆盖薄膜的主要目的是保持湿度，适宜季节扦插和管理方法适当，能达到较好的保湿效果。

③ 小拱棚薄膜封闭扦插投资少、效益高。

主要缺点：

① 为了保湿使用的薄膜容易升高棚内温度而烧苗，遮阳过分又使光照过弱，光合作用降低导致生根慢、生长弱，湿度、温度、光照三者相互矛盾，难以有效协调到理想状态。

② 弱基质育苗、裸根苗移栽难度大，成活率不高，很难培育出根系发达的1级健壮苗。

③ 即使经验丰富的育苗者也常有一个单元内全军覆没的教训。

（六）大田高密度扦插技术

红叶石楠大田高密度扦插繁殖是解决苗木紧缺的好办法

（见图3－14、图3－15）。现将有关育苗关键技术归纳如下。

1. 圃地的选择与规划

一般选用交通方便、地势平坦、水源充足、排水良好、有电源引用的地方。选好地方后，按井字形规划好育苗地、道路及喷水设施。育苗场地按鹅胸形整平压实，便于两端排水，苗畦的长度宜15～20m，道路的宽度4～5m，土路两侧埋设直径3～4.5cm硬塑料管，按一定距离装上喷水的阀门开关。

2. 采穗圃营建技术

为确保周年快繁对穗条的持续需求，快繁采穗（条）圃应划分为3个动态循环区：采集区、促长区、复壮区。三区循序递进，周而复始以利繁育材料积累较多的营养物质，保持旺盛的长势及充足的内源激素，并加快当年生新梢的木质化进程，三区占地面积比为1∶1∶1。

3. 扦插繁殖技术

(1) *搭建大棚*　小拱棚设置于苗床上。拱架材料为20mm 的

图3－14　大田高密度扦插

图3-15 大田高密度扦插苗出圃

阻燃塑料套管、扎带、管卡，拱管长度为2.9m，在苗床上每隔1.2m安装一个弧形拱架，各拱架的拱顶正中及两侧用三排统一规格的塑料套管固定。在苗床的床壁外沿，用水泥钉固定薄膜卡槽，卡槽间不留空隙，棚膜扣上后，边缘再用卡簧卡紧密封，使苗池上空形成一个封闭小空间。

(3)扦插基质　由蛭石、珍珠岩和经加工粉碎后的泥炭混合而成，其比例为2∶1∶1。在扦插前5～7天，用0.1%高锰酸钾或50%多菌灵800～1000倍消毒；或取无菌土壤直接摊铺使用。

(3)扦插时间　一年四季均可进行，江苏最适宜的时间为2月下旬、5月下旬、9月上旬。

(4)穗条采集　选择母树生长健壮、木质化或半木质化枝条。采集插穗时要求侧枝留枝高度15cm左右，尽量开张树形，增加分枝密度。

(5)**插穗制作**　用修枝剪将穗条剪成一叶一芽，长度约4~8cm，视叶片节间长短而定。每根插穗保留半张叶片，上、下部都采用平切口，上切口在节的上方1~2cm处，下切口在节的下方1cm处。

(6)**扦插处理**　扦插前用浓度为300~600mg/L 1号ABT生根粉处理插穗基部1~2cm处，时间为2~4小时。

(7)**扦插密度**　以插穗的叶片互不重叠为宜。

4. 插后管理

棚内温度保持在15~30℃，夏天中午气温较高，可对荫棚顶喷水降温，相对湿度保持在85%以上。插穗生根前，每天喷水4~8次，插穗生根后喷水次数可少些；每次喷水时间要短，以保持插穗叶面湿润为度。腐霉病防治时间在下午最后一次喷水后进行，发现病株应及时清除。插后1个月，当插穗开始长出乳白色新根后，用0.1%~0.2%的磷酸二氢钾或N：P：K＝1：1：1的复合肥或尿素浓度为0.1%~0.3%叶面喷施，每10天喷施1次。

(七) 轻基质网袋容器扦插技术

轻基质网袋容器育苗是在普通容器育苗技术基础上发展起来的新式育苗技术（见图3-16、图3-17）。与传统地栽相比，具有质量轻、有营养、能保水等特点，并能实现设施化集中育苗，极大地提高了良种使用率和苗木质量；与普通塑料容器相比，克服了塑料容器由于内壁光滑、苗木根系互相缠绕、窝根、根系不发达、抗逆性差、成活率低等缺点，具有根系穿透自由、苗木抗逆性强、种植无需撕袋、造林施工效率高、缓苗期短、种植后容器易分解无环境污染等优点。为了更好地促进红叶石楠在武汉地区的推广和应用，笔者根据多年的实践，总结出了红叶石楠的轻基质网袋容器育苗技术，能较好地保持红叶石楠原有性状、成本低、成活率高、生长迅速，具有很高的推广价值。现将育苗技术介绍如下。

1. 做床及容器袋摆放消毒

选地势平坦、排水良好、四周无遮光物体的地块作苗床。整地包括深翻、耙地、平整、镇压。做到深耕细整，清除草根、石块，达到地平土碎。苗床长15m、宽75cm、床高约10cm，沟深25~30cm，沟底平、直，确保排水通畅，对床面喷施800倍液的乙草胺控制杂草生长。轻基质容器袋可用江苏省林科院灌装生产，规格为4cm×8cm，主要组成为泥炭、珍珠岩，切好的容器袋由人工摆放至育苗床上，摆放时袋间要紧实，每行17袋左右。容器袋全部摆放整齐后，四周用土围紧拍实，以0.05%高锰酸钾灌溉式消毒后立即盖膜，2周后揭膜再经太阳曝晒，1周后搭建遮阴棚，以75%黑色遮阳网遮阴。

2. 采条及插穗的制备

在江苏，以4月底至6月上中旬及9月中下旬时段为扦插适宜期。采集插条时应选择健康、优良的母树枝条，以粗壮、芽体饱满、半木质化的枝作插条。剪取插条时，应在距离上芽1cm左右处平剪，剪成含2~3个芽、2片半叶、长度8~12cm的插穗，剪口必须平滑，下切口要求靠近节部，宜剪成平口，以便后期形成均匀根系。采条及插穗剪切宜在阴雨天或早晨、傍晚进行，需特别注意保湿。

3. 插穗处理

剪下的插穗要避免日光曝晒和风燥，及时喷水保湿，剪切后每50根为1捆（注意极性一致），垂直单层堆放在清水中。插穗处理用100mg/L 911生根粉浸泡24小时或者以150mg/L萘乙酸浸泡12~13小时，萘乙酸浸泡时基部以上芽严禁沾水。处理后的插穗及时扦插。

4. 扦插

扦插前，先把容器袋一次性浇透水。扦插时先用比插穗稍粗的木棍在容器袋上垂直打孔，一袋一穗，然后在孔内垂直插入处理好的插穗，插穗插入基质内一般为2/3以上，插穗露出地面2cm，确保有1~2个芽。这样就避免了扦插时剪口处再创

图3－16 红叶石楠容器扦插苗培育

图3－17 红叶石楠温室容器扦插

伤，而影响愈伤组织形成。插后将插穗四周压实不能留有空隙，之后再淋1次透水，确保袋内基质与插穗紧密结合。待水分充分渗入基质、整个苗床灌透水后，以1000倍的甲基托布津液喷洒床面。

5. 苗期管理

扦插后在插床上搭建拱棚，拱棚高度约60cm，上面覆盖塑料棚膜。温度适宜的情况下，扦插20天左右愈伤组织产生，30天左右生新根，45天后基本全部生根完毕。8月中旬至9月初揭膜，待幼苗于开放环境中过渡1周后逐步撤掉遮阳网，给予比较充足的光照开始炼苗。

扦插后1月内观察，若膜中水汽减少，则封住床沟两侧，向沟中灌水。长出新根后，插条进入旺盛生长期，灌溉要量多次少，原则为"不干不浇，浇则浇透"。

春夏扦插时，可在10月中旬施加两次0.2%复合肥，中间间隔为7天，生长后期应停施氮肥，多施钾肥，追肥宜在傍晚进行，严禁在午间高温时施肥，追肥后要及时用清水冲洗幼苗叶面，避免造成肥害。

揭膜后要及时除草，防止杂草与扦插苗争夺肥水。最好在雨后或灌溉后进行，这样既省工又可达到保墒的目的，以"除早、除了、除小"为原则。

（八）平衡根系容器扦插技术

平衡根系是尊重苗木根系在自然条件下的习性，使容器苗木根系完整，平衡伸展，利于形成主根和避免缠根，并有助于形成粗壮的或大量根系。

平衡根系无纺布容器育苗技术是指用无纺布制作容器，以添加天然有机质作为育苗基质，容器成型、基质填充、定长度切割一次完成。进行乔、灌、藤树种的扦插苗、播种苗、组培苗的繁育，使苗木根系发育完整均衡，实现苗木可控生长、无缓苗期、移栽成活率高的育苗技术。平衡根系无纺布容器苗栽植后1天内无纺布容器自动降解，对环境无污染。

我们用平衡根系容器扦插红叶石楠，表现的主要优点有：

① 用平衡根系容器扦插红叶石楠培育出的容器苗不卷根，侧根发达，具有向下直生的主根和主根倾向的不定根。

② 培育出来的红叶石楠苗木具有空气切根后形成的蓄势待发、分布平衡的根愈伤组织，入土后可爆发性生根，无缓苗期，实现了幼苗入土后的快速生长。

③ 采用的特制容器袋为可降解纤维材料，对环境无污染。

④ 选用的基质多为农林业废弃物制成的，容易就地取材，基质成本低，主要成分是天然有机质，可增加土壤的腐殖质含量，提高土壤肥力，使土壤疏松透气，起到改良土壤的作用。

⑤ 选用的基质为轻基质，重量轻，搬运方便，造林成本大大降低，特别适合于丘陵山区造林。

⑥ 培育出的红叶石楠容器苗生长整齐、健壮，移栽无缓苗期，造林成活率高，幼林生长速度明显优于其他容器苗。

（九）免移植扦插技术

为了缩短植物的繁殖周期，简化操作程序，我们开展了免移植扦插育苗试验。本技术是将扦插基质与栽培基质分别盛装于不同的容器，其中盛放扦插基质的容器无底且上下口径一致，然后将盛放扦插基质的无底容器置于盛放栽培基质的有底容器之上，两容器间以分隔装置隔开，避免栽培基质中的病菌感染扦插基质，待插穗生根后10~20天，即可将两个容器间的分隔装置抽去，这样无需移植，扦插基质中插穗的新生根向下伸入栽培基质中，生根的植株从栽培基质中吸取营养继续生长，从而保证生根植株95%~100%的成活率。主要步骤如下：

1. 配制扦插基质

将泥炭与珍珠岩按2∶1~1∶1的体积比混合制成扦插基质，根据插穗的长短或生根部位选择装入规格为

5cm×5cm×5cm～5cm×5cm×10cm、上下口径一致的无底塑料育苗盘或容器内，用800～1000倍多菌灵溶液喷洒消毒后待用。

2. 配制栽培基质

将黄泥土、火烧土及腐殖质土加1%～3%过磷酸钙，分别按2:2:1～1:1:1的体积比混合制成栽培基质，装入规格为5cm×5cm×15cm～5cm×5cm×20cm的有底塑料育苗盘或营养钵内，底部留孔径为1～2cm的排水透气孔，用2%～3%硫酸亚铁或0.1%高锰酸钾水溶液喷洒消毒后待用。

3. 组装扦插和栽培基质育苗盘或容器

将盛扦插基质的无底育苗盘或容器置于盛栽培基质的穴盘或容器上，在穴盘或容器间用分隔装置隔开，避免栽培基质中的病菌感染扦插基质，待用。

4. 扦插及管理

在夏秋季上午或阴天，剪取待插树木当年生木质化或半木质化枝条，再剪至长约5～10cm作为插穗，剪口平整光滑，上切口距芽1cm左右，留插穗顶部的1～1/2叶，其余叶片剪除；剪好的插穗基部在生根剂中速蘸后，插入步骤3中组装好的穴盘或容器上部的扦插基质中；置于全光照下、间歇喷水，为叶面补充水分，待插穗生根后10～20天，即可将两个穴盘间的分隔装置移除。

本技术突破了影响扦插繁殖苗木移栽成活及缓苗生长的共性技术，免移植扦插育苗可确保生根植株的成活率，生根植株根系免受"缓苗期"的影响，其生长量较传统方法提高50%～70%，缩短了植物的繁殖周期；操作程序简便，省时省力。

（十）提高插穗生根能力的方法

红叶石楠一般采用半木质化的嫩枝或已木质化的常绿枝条做成带叶插穗。扦插育苗生根快、成活率高，穗条来源丰富，一年能生产多批，可实现全年工厂化育苗生产，具有极高的生产效益和应用价值。

生产上还采取一些有效的方法来增强生根物质的作用，消除或减少阻碍生根物质的影响，以便促进和提高红叶石楠插穗的生根能力。

1. 穗条培育法

采用穗条培育方法，做好插穗的准备工作，是扦插繁殖的首要任务。特别是采用现代快速育苗技术，更应积极地从插条的选择和培育着手。

(1)**黄化处理**　生根阻碍物质的形成与光照有着密切关系，经过遮光或黄化处理之所以能提高插穗的生根能力，是因为抑制了生根阻碍物质的形成，增强植物生长激素的促进作用，还能使枝条减轻木质化，保持组织的生命活力。

红叶石楠可通过修剪，在新生萌芽枝上进行黄化处理，如是处于地面上的幼树或是萌条，可采用覆土压服的方法，当新梢露出地面时，再覆土数厘米，等到新梢具备半木质化后，剪下作插穗。如采用背光处的树枝作插穗，虽然阻碍生根物质减少了，但促进生根的物质也会减少，应对插穗进行生长素与营养物质的补充处理，才能取得比较满意的效果。

(2)**环剥与缚缢**　环剥是将枝条剥去1.5cm宽的树皮。缚缢是用不易腐蚀的细铜丝或铅丝在枝条基部紧缚，勒进树皮内，随时间的延长，枝条处理部位的上方逐渐膨大起来，再从处理部位切取扦插。此法能培育出生根能力很强的插穗，甚至有可能在基部形成根原基。这在压条繁殖中应用的很广，是将压条作为插穗就地培养，可培育出大型的生根苗，但必须对插穗进行技术保护，在温度、湿度和光照等方面，创造适宜的生根环境，其成功率很高，但也非常费工。

(3)**去掉花芽**　插穗生根与开花有着明显的对抗，其原因是生长素与成花素含量的关系。当潜伏的花芽开始形成和继续发育时，成花素的含量逐渐增多，而生长素随之逐渐减少，同时营养物质也被开花所利用，此时的枝条生根能力明显下降，所以，应在花前或花后采插。红叶石楠在扦插时应早日去掉花芽，否则花芽分化的枝不易生根。

(4)**抹去顶芽** 在采条之前要对母树进行摘心，也叫打顶。由于顶芽处于枝条生长的极性位置，营养物质都先为它所用。当摘去顶芽后，顶端优势被破坏，极性位置由枝端下的腋芽来代替，营养物质也因极性作用向腋芽输送，尤其是先端的1～3个腋芽，充足的养分供给，腋芽便迅速萌发，长出侧枝，使母树的枝条和叶片增多，光合面积加大，光合作用增强。光合产物的丰富，促进了根系的发育，从而提高了地下无机营养的吸收，又为枝叶的同化作用提供了充足的原料，使母树枝叶茂盛，生长健壮，为绿枝扦插提供大批穗条。木质化很低的嫩枝，经过摘心后，有机营养物质被嫩枝吸收，可提高嫩枝木质化程度，也可提高插穗的数量和质量。具有半木质化程度的插穗，是提高扦插成活率的条件。

2. 幼龄化培育法

由于插穗的生根能力是随植物年龄的增长而降低，因此，在扦插育苗时，要强调采条母树的"幼龄化"，这是绿枝扦插育苗提高成活率的重要课题。

(1)**培育实生苗采穗圃** 建立1～3年生红叶石楠实生苗采穗圃是扦插育苗非常重要的工作，利用其个体发育年幼、生理新陈代谢旺盛、细胞分裂比较强、幼龄树体内不含或很少含有生根阻碍物质的优点，采用实生苗采穗圃的枝条作插穗，其生根非常有效，是红叶石楠扦插选取枝条的主要来源。

(2)**母树平茬** 每年将红叶石楠母树重剪平茬，保留基部隐芽，这样从基部长出许多萌条，采用萌条作插穗，具有幼龄期易生根的特性。经过平茬的再生萌条，可以提供大批扦插用材。

(3)**重剪回缩** 对红叶石楠成年树来说，从实生苗采穗圃发育生长到成年树，每年都有发育的起点，称为生长点；其生长点能长期保持特殊的发育期，又称为顶端效应。由此，距离根颈部位越近的枝干，就越具有年幼的特性；相反，距离根颈部位越远，其枝干越老化。所以，利用顶端效应的生理特性，通过重剪回缩，可促使接近根颈的枝干部位萌发出接近幼龄化的枝条。

(4)*母树绿篱状* 当红叶石楠正处于幼年期时，结合修剪采用重剪方法，迫使萌发许多直立的幼龄化枝条。可提供许多具有幼龄化性质的枝条作为插穗。

(5)*以苗繁苗* 经过精心扦插培育而生根成活的苗木，其苗木的枝条，再次扦插可提高生根成活率，只要经过几代反复扦插，使之代代提高生根率，最后可达到满意的生根效果。在温室或大棚内，进行以苗繁苗，可以实现全年育苗生产，是提高红叶石楠树种扦插成活的好方法。

3. 化学药剂处理法

(1)*生长调节剂* 常用生长素类的促根剂处理红叶石楠插穗，如萘乙酸（NAA）、吲哚乙酸（IBA）、2,4 - D等。萘乙酸成本低，是目前应用最广泛的促根剂。促根剂的使用要在适宜的浓度范围内，浓度过高反而会抑制生根。另外，处理浓度也随处理时间不同而有所不同，一般快蘸浓度高，长时间浸泡浓度低。

生根剂有水剂法和粉剂法两种使用方法。红叶石楠扦插时，常用的是水剂法，也称溶剂浸渍法。称取一定量的粉状生根剂加少量酒精溶解后，再用水稀释，配成原液，然后加入温水配成所需的浓度。硬枝扦插时，适宜浓度为20～200mg/L，浸泡数小时到一昼夜；嫩枝扦插时，适宜浓度为10～50mg/L，浸泡数小时至一昼夜；也可以采用快蘸法，适宜浓度较高，一般为500～2000mg/L，将插穗在配制好的高浓度生根溶液中快浸3～5秒。

(2)*其他药物* 除了生长素外，还可以使用B族维生素、蔗糖和高锰酸钾等处理插穗，也可以起到一定的促根作用。比如，用0.1%～0.5%的高锰酸钾溶液浸泡插穗，可以使其基部氧化，增加插穗的呼吸作用，加速根的发生，同时也有一定的消毒作用，防治病害。用2~5mg/L维生素B1处理插穗12小时，也有相应的促根效果。

在实际生产中，常将以上两种类型的生根剂以一定的比例混合使用，促根效果更好。比如，在用红叶石楠叶片进行扦插时，使用萘乙酸400~800mg、维生素B1 2~5mg、蔗糖20~50g和硼砂3~6g加水1L配制成混合生根液，促进根的生长效果显著。也可以直接购买市面上出售的速效生根剂。红叶石楠嫩枝扦插有多种生根方法，但是以200mg/L的1号ABT浸泡3小时促根效果最佳。

4. 物理方法处理

(1)机械割伤 在剪插穗前25天左右，对选做插穗的枝条基部，进行割伤或者环剥，阻止枝条上的养分和生长素向下运输，在插穗扦插后，可以有效地促进插穗生根。

(2)温烫法 将插穗的下端放在适宜温度的温水中浸泡，可以去除一些抑制生根物质，之后再进行扦插，也可以促进生根。

（十一）红叶石楠扦插后的管理

无论采用哪种扦插繁殖方法，扦插后的管理才是关键，主要是温度、湿度、光照和肥料的管理。

1. 温度控制

红叶石楠扦插育苗的棚内温度应控制在38℃以下、15℃以上。最适温度为25℃。如温度过高，则应进行遮阴、通风或喷雾降温。温度过低，应使用加温设备加温。加温会造成基质干燥，故每间隔2~3天要检查扦插基质并及时浇1次透水，否则，插穗容易失水而干枯。

2. 湿度控制

红叶石楠扦插育苗前期（20天以前）应保证育苗大棚内具有较高的湿度，相对湿度在85%以上。小拱棚扦插空气湿度则最好保持在95%以上。扦插20天后，如以种植布覆盖，则以种植布不发白为标准。采用自动间歇喷雾的，一般可待叶片上水分蒸发减少到1/3后开始喷雾；待普遍长出幼根时，可在叶面水分完全蒸发完后稍等片刻再进行喷雾；大量根系形成后（3cm以上），可以只在中午前后少量喷雾。大规模穴盘扦插育苗中的人工喷雾，也要注意扦插基质湿度保持在60%左右。

3. 光照控制

光照有促进插条生根、壮苗的作用。在湿度有保证的情况下，扦插红叶石楠不要进行遮阴处理。夏季强烈的光照使温度过高，可采用短时间遮阴和增加喷水次数来降低棚内温度。秋季扦插可通过通风、增湿来协调光照与温度之间的矛盾。

4. 肥料的使用

(1)水溶性肥料　红叶石楠扦插后要经常进行叶面追肥，可以结合喷药防病同时进行。浙江国美园艺有限公司采用水溶性肥料GM20－10－20和GM14－0－14两种，交替使用，能有效补充穗条生根和生长所需营养。通常从愈伤组织形成到幼根长出，使用水溶性肥的氮的浓度50mg/kg喷施即可，在根系大量形成到移栽前，浓度可增加到100～150mg/kg，可以采用浇肥的形式，达到上下同时吸收。

(2)控释肥　苗圃生产中常采用APEX控释肥与介质混用，用量90～120g/m³。为方便管理和持续不断地供应红叶石楠所需的营养，使用控释肥是最方便的。

三、红叶石楠其他育苗技术

（一）播种育苗技术

播种繁殖是一种有性繁殖方法，简便易行，实生苗根系发达、生长健壮、适应性强。

红叶石楠除了扦插和组培育苗外，也可以采用播种的方式进行繁殖育苗。一般在10月下旬到11月份采收种子，然后混藏于湿沙中，层积处理，来年春季2~3月份取出播种。播种时，土壤中要混合1/3的河沙，开沟条播，沟深2~3cm。播种后覆混合土，稍加镇压，并覆盖稻草或架遮阳网，以保持土壤的温度和湿度，出苗后，去掉覆盖物。一般小苗长至15cm，就可以进行移植了。移植时，小苗带宿土，大苗带土球。

目前，红叶石楠播种繁殖已不被广泛采用。一方面，从播种到达到一定规格的商品苗所需时间较长，不如扦插育苗效率高；另一方面，播种繁殖易产生变异，不能保持红叶石楠原有的性状。

（二）嫁接育苗技术

嫁接指将一种植物的枝或芽接在另一种植物的茎或根上，接在一起的两个部分长成一个全新的独立的完整的植株新个体。供嫁接的枝或者芽称为接穗，接受接穗的植物叫砧木。嫁接后接穗和砧木分别在两者结合的部位大量增殖薄壁细胞，形成愈伤组织，并且各自形成的愈伤组织结合成一体，充满砧木与接穗之间的空隙。之后愈伤组织中间部分成为形成层，形成层分裂旺盛，向内产生木质部，向外分化成韧皮部，形成完整的输导组织，贯穿了上部的接穗和下部的砧木，保证了上下水分和养分的输送。

红叶石楠适宜嫁接的时间较长，从早春2月到秋分都可以。但以春天和秋天嫁接为宜，早春嫁接最好，因为此时树液开始流动，嫁接成活后一年便可发芽抽枝，生长旺盛；而夏天嫁接会因严重的剪枝或抽芽而造成生长不良。最好采用带芽嫁接，成活率高、省工、易操作，在红叶石楠育苗中值得推广。

为了加快红叶石楠大规格苗木的培育，我们进行了嫁接技术研究。采用椤木石楠做砧木，嫁接红叶石楠。嫁接时间为6月下旬至8月中旬天气晴朗的早晚，避开中午高温和雨天。早春将无病虫害、未萌发的椤木石楠实生苗在离地150～200cm处剪除枝条，使其重新发芽。萌发后只保留一个健壮的新梢任其生长作嫁接砧木，在嫁接前20～30天剪除砧木和接穗枝条顶端的幼叶或幼芽，促使欲行嫁接枝条的木质化；剪取观赏价值高的红叶石楠树冠中上部生长健壮的枝条，在枝条下端各削一削面，在枝叶上一定距离处剪断枝条作接穗，留下叶柄，剪除叶片，将剪好的接穗用湿布包好；选取与接穗粗细大致相同的砧木并剪断，根据接穗粗度在砧木横断面垂直纵切，深度与接穗的长削面大致相等或稍短，砧木下部保留叶片以供制造养分；将剪好的接穗立即插入砧木的劈口，使两者的两边或一边形成层对准，然后用塑料条将接合部连同接穗上剪口全部绑严，只露出一对叶柄；接后立即灌水，10天左右要保持土壤湿润。2周后检查成活，凡接芽鲜绿或叶柄一触即落即为成活，3周后接口完全愈合后即可松绑。加强水肥管理，及时防治病虫害。当接穗新梢长至30cm左右时，需插竿护缚，防止风折。嫁接成活率达85%～95%。

嫁接成活后，可以使红叶石楠在3年内达到大树景观的效果，从而大大缩短了培养红叶石楠大规格苗木的周期。

（三）压条育苗技术

压条繁殖是将连在母株上的枝条，在预定的生根部位进行刻伤或者环剥处理，之后埋入土中，形成不定根，然后切离母株成为一个新生个体。

刻伤和环剥是为了中断来自叶和枝条上端的有机物如糖、生长素和其他物质向下输导，使这些物质积聚在处理的上部，供生根时利用。另外，也可以在环剥部位涂抹促根剂，使其快速生根。压条一般分为普通压条法、堆土压条法和高枝压条法3种。弯埋入土中，用枝杈固定后，堆土15～20cm，保持湿润管理，生根后与母体分离。

压条法实际上是一种枝条不切离母体的扦插法，并且不会像扦插插穗会出现失水干枯的现象，是一种安全可靠的繁殖方法。但是，由于一个枝条只能得到一株小苗，所以，在红叶石楠大规模生产中使用较少。

第四章
红叶石楠培育技术

一、红叶石楠培育苗的选购

培育红叶石楠选择好的品种和高质量的苗木至关重要。应选择信誉好、能提供优质售后服务的供应商，以保证品种的纯正，降低生产风险。现在市场上供应较多的有'红罗宾'、'鲁宾斯'、'红唇'、'强健'、'小叶'等品种；在刚开始引入栽培时，可引进生长健壮、技术含量较高、苗木质量有保证、移栽成活率可达100%的红叶石楠容器苗。

二、红叶石楠培育地的选择与整理

（一）培育地的选择

红叶石楠培育地要选择土层深厚肥沃、质地疏松、微酸性至中性、靠近水源、排水良好的地段。实行轮作制，即不在同一块圃地连续培育同一种红叶石楠。

（二）培育地的整理

培育红叶石楠大苗，需要在圃地生长一段时间，这期间随着苗木长大一般至少要经过1~2次的移植。在进行培育时应做好种苗地的整理，包括土地翻耕、施基肥、土壤消毒、制作苗床等工作。

1. 翻耕

翻耕是土壤改良的基本措施。园林植物苗木的生长主要靠根系从土壤中吸取营养，根系的旺盛生长活动需要透气性良好和富有肥力的土壤条件。翻耕可以改善土壤结构和理化性状，增加土壤孔隙度，提高土壤的保水力、保肥力、透水性和透气性，同时增加土壤微生物分解难溶性有机物的能力。一般移植苗的根系比较大，所以种植地的移植小苗区翻耕深度以30~35cm为宜；大苗区采用栽植坑穴状整地，深度在50cm左右。翻耕深度，因圃地、移植时期、苗木大小而异，秋耕或休闲地初耕可深些，春耕或二次翻耕可浅些；移植大苗可深些，移植小苗可浅些。在南方黏重土壤地区，翻耕深度适当深些。圃地最好冬季深翻，第二年移栽前再浅翻一次，这样也利于消灭一部分病原菌。

2. 增施有机肥

深翻结合施入有机肥，能有效改善土壤的结构，增加土壤中的腐殖质，相应地提高土壤肥力，从而为苗木的生长创造条件。有机肥种类有牛、马、猪、羊、鸡、鸭、鹅等畜禽粪便，这些粪便需要经过半年到一年的发酵腐熟才能施用，施用时还要混掺1倍的园土（捣碎成细小颗粒状），施肥量参考37500~75000kg/hm²。湖泥、塘泥、优质堆肥等也可作基肥施用。

3. 土壤消毒

土壤是病虫繁殖的主要场所，也是传播病虫害的主要媒介，许多病菌、虫卵和害虫都在土壤中生存或越冬，土壤中还常有杂草种子。土壤消毒可控制土传病害、消灭土壤有害生物，为园林植物幼苗创造有利的生存环境。

针对红叶石楠幼苗易感的灰霉病、叶斑病、介壳虫等病虫害，土壤常用的消毒方法有以下几种：

(1)**多菌灵消毒**　用50%的可湿性粉剂，常用量80~100g/亩*兑水15~20L喷雾；也可按1∶20的比例配制成药土撒在苗床上，均能有效防治苗期病害。

(2)**福尔马林消毒**　苗圃用福尔马林50mL/m²加水10kg均匀喷洒地表，然后用塑料薄膜或草袋覆盖，闷10天左右揭开覆盖物，使气体挥发，两天后可播种或栽植。

(3)**硫酸亚铁消毒**　用3%的硫酸亚铁溶液处理土壤，用药液0.5kg/m²可防治立枯病和缩叶病，兼治缺铁引起的黄化病。

(4)**五氯硝基苯消毒**　每平方米苗圃地用75%五氯硝基苯4g、代森锌5g，混合后再与12kg细土拌匀，播种时作为覆盖土，对立枯病、菌核病、猝倒病等有特效。

注：1亩=1/15hm²

(5)**必速天颗粒剂消毒**　使用量一般为1.5g/m³或基质60g/m³、大田15～20g/m²。施药后要过7～15天才能育苗，此期间可松土1～2次，可防除各种病菌。

如有地下害虫，在耕地前可用敌百虫等药剂进行杀灭。也可制成毒饵杀死地下害虫。

4. 制作苗床

苗床的制作时间应在移植前1周，苗床规格在雨水多的长江以南地区采用高床，北方雨水少的地区采用半高床，床面高出步道20～30cm，床面宽120～200cm、长30～50m。制作苗床要求做到床面与步道平整，苗床、步道和床沿直，主要是为灌溉均匀，降雨时也不会因土地高低不平、洼地积水而影响苗木生长。另外，苗床上的杂物需捡干净。

三、红叶石楠苗木移植

（一）移植时间

红叶石楠露天扦插苗的移植时间在春季3月前和秋季10～11月，具体要结合当地气候条件来决定。红叶石楠1年生小苗可以在适宜季节裸根栽植，2年生及以上苗木需要带土球栽植。这样移植成活率高，对苗木生长有利。

1. 春季移植

红叶石楠在一年生长中有3～4次生长高峰期，其中生长速度最快、持续时间最长的是春季。从春季萌芽开始一直持续到清明节后，这段时间红叶石楠的嫩梢水分很大，木质化程度很低，很难抵御长时间失水，如果春季移植，应该把移栽的时间尽可能提早到3月初，如果移植太早，红叶石楠可能遭遇严寒，影响成活率；太迟则会损伤嫩梢，尤其是4月份移植，要特别注意保湿，大部分情况下，嫩梢将会失水枯萎，保湿措施有喷雾处理、搭建遮阳网等。

红叶石楠1~2年裸根小苗不适宜4月移植，如果一定要移植，必须多带宿土，栽后搭建遮阳网，或者选择红叶石楠容器苗；50cm红叶石楠球及以上规格，建议在3月中旬之前，或者4月底之后（4月份下旬开始新梢木质化）移植，以保证嫩梢和新叶片不受损、少受损。不能够错开时间栽植的，可以考虑使用遮阳网，或者加大喷水、浇水频率，提高成活率。

2. 秋季移植

应在苗木地上部分生长缓慢或停止生长后进行，即落叶树开始落叶之后，此时红叶石楠生长高峰已过，地温尚高，根系还未停止生长，移植后根系伤口能逐渐愈合或发出新根，第二年就会提早正常生长，符合树木先生根后发芽的生长规律。红叶石楠是常绿树，不耐寒冷，所以秋季栽植要早，并且在越冬时给予防寒，如进行根际培土、覆盖等。

（二）移植密度

红叶石楠移植密度要根据留圃时间和培育目标而定。如计划按培育1年生小灌木出售，株行距以20cm×30cm或40cm×50cm为宜。如进行第二次移植，培育中号苗时株行距以40cm×80cm或80cm×100cm较为合适，培育大号苗时以株行距150cm×150cm或220cm×250cm或更大为宜。

（三）移植方法

1. 小苗裸根移植

红叶石楠1年生露天播种或扦插繁殖的小苗，在3月份或秋季进行裸根挖、运、栽。具体操作：移植前3~4天进行苗床浇水，使土壤湿润，起苗时沿第一苗行方向、距苗行20cm左右处挖一条沟深约30cm左右，在沟壁下侧挖出斜槽，根据根系要求的深度切断苗根，再于第二行与第一行间插入铁锹，切断侧根，把苗木推在沟中即可取苗，注意起苗时要把根系全部切断再捡苗，不可硬拔，免伤侧根和须根。苗木起出后，应注意苗木保湿，最好随起随运随栽，如果不能当天栽植，则需要将植株喷水并用湿草帘遮盖，或用湿草帘包裹苗木根部直至栽植，栽植时先将根系喷水。如果再长时间不栽植，要在起苗后就地假植。总之，在苗木移植过程中，要随时注意保持苗根湿润，防止失水干枯，以提高移植苗木的成活率。

移植的苗木，要按大小分级、分区栽植，使移植的苗木生长发育均匀，减少分化现象，便于管理，提高苗木出圃率。

移植的苗木，要进行适当的修剪，过长的主侧根应略加短剪，促使发生大量须根，有利于出圃移植，提高移植成活率。劈裂和无皮的根要剪除，以免烂根。一般根系保留长度10～20cm，超过部分加以剪除，剪口应力求光滑，注意不伤根皮，以利伤口愈合，促发新根。根系也不宜过短，过短会影响苗木成活和生长。为了减少蒸腾，可剪除苗木主干最下部的枝叶。

移植时常用沟植法和穴植法。不论采用哪种栽植方法，一定要使苗木根系舒展，根土密接。移植深度要比原来的"土痕"深2～3cm，以免土壤下沉而使根系外露。移植深度与沟宽度（穴大小）要比根系深度与苗木根冠略大一些，放苗时先将坑底或中央填土成一小土丘，将苗木放在其上，使苗木根系舒展，苗木根际略低于地表，填土到坑深一半时向上提苗至苗木的根际与地表平，然后踏实，使根土密接；再填土到与地表平后再踏实，最后填土埋严苗木根际部位。移植后立即浇透水，使土壤沉实，以利成活。

2. 带土球移植

对于中大号红叶石楠一定要带土球移植。起苗前3～4天对苗圃地进行灌溉，一方面使苗木吸足水，另一方面容易挖掘。具体操作：确定土球的大小，将表土去除至显露根系为止，按苗木苗高的1/3～1/2为土球的直径，用直径一半作半径、以苗中心主干为圆心在地上画圆。挖掘土球，在圆线的外部挖沟，深达土球的高度（即为土球直径的2/3），注意在土球的边缘下挖时要使锹背对着土球，避免挖散土球，当挖到球的一半深度时，修球并向土球的中心倾斜下挖。土球直径如果大于50cm，则在球的中腰部用草绳扎腰箍3～5匝，腰箍从下向上扎，每匝都要勒紧，一匝紧挨一匝。土球直径如果小于50cm，不需要扎腰箍。当斜挖到规定深度后挖空球底，切断主根。如果土球太大，土质松散，则先扎竖箍，再出坑；如果土球小、紧实，则小心将土球移出坑后再扎竖箍。竖箍用"六瓣"或"橘络"包法即可。

带土球的红叶石楠苗木运输时要特别注意轻拿轻放，避免散球。带土球苗木要分级、分区栽植，有利于养护管理。

红叶石楠移植时，先挖好栽植坑，坑尺寸要比土球大、深20cm，坑壁要垂直。栽植时，先在坑底填一小土丘，将带土球苗木直立放置在土丘之上，调整栽植深度与原地际（土痕）相平后，对于包扎草绳过密同时结实的土球，可剪除部分草绳；如果红叶石楠土球松懈，可不必剪除草绳，然后回填土，边填边分层踏实土壤，直到填满坑为止。在回填土时注意不要将土球弄散，以保护球内根系不受损伤。栽植结束后立即浇透水。

（四）移植后管理

1. 灌水

红叶石楠在移植后的缓苗期内，要特别注意水分管理，如遇连续晴天，除栽后立即浇水外，应在移栽后3～4天再浇一次水，以后每隔10天左右浇一次水；如遇连续雨天，要及时排水。约30天左右苗木度过缓苗期以后即转入正常养护管理，视天气与圃地土壤干湿，掌握适时浇水。

移植初期的浇水，主要目的在于养根、保证苗木成活，其后的浇水，则是供给苗木，以满足其抽枝发叶对水分的需求，特别是幼叶发育成长期，对水分要求更高，应及时浇灌，予以满足，以保证苗木的正常生长。

2. 扶苗

初移植的红叶石楠苗木，由于移植地经过深耕翻土，土层疏松，虽然在栽苗时，注意踏实根际填土，但短时间内土层难以紧实，特别是几经浇水以后，常出现苗木歪倒倾斜现象，因此，需要及时扶正。否则，会使苗木弯曲，影响质量。

扶苗时，可先扒开苗木根际处的土，将苗木扶正，然后再填土踏实。在春季多风地区，尤其需要注意及时做好苗木扶正工作。

3. 平整床面

红叶石楠新移植的苗区，经过几次浇水和其他管理操作的践踏，床面会出现坑洼不平的现象，要及时进行平整，使床面平坦、整齐一致，这样才能保证每株苗木的得水量一致，平衡地生长，减少苗木分化现象，提高苗木质量。在平整床面的同时，还要做好步道的平整工作，以利排水。

四、红叶石楠培育技术

为了提升红叶石楠的观赏效果，提高土地利用率和苗农的综合生产能力，促进农民增收，红叶石楠可进行立体复合培育、定向培育和容器大苗培育等。

（一）立体复合培育技术

立体复合培育技术是指在同一块田上，两种或两种以上的植物（包括木本）从平面上、时间上多层次利用空间的种植方式，实际上立体复合培育是间、混、套作的总称。以下介绍两种我们在生产中培育成功的红叶石楠立体复合培养技术，仅供参考。

1. 榉树+红叶石楠+麦冬立体复合栽培模式

落叶乔木（榉树）+常绿小乔木或灌木（红叶石楠）+地被植物（花叶麦冬）的立体栽培模式（见图4-1）。该模式构建了上层为落叶大型乔木的榉树，中层为常绿小乔木或灌木的红叶石楠，下层为球根耐阴地被植物麦冬（花叶麦冬、细叶麦

图4-1 榉树+红叶石楠立体栽培模式

冬、阔叶麦冬、沿阶草、吉祥草等）三层立体复合栽培模式。三种植物都是园林优良观赏品种，市场需求量很大。

通过对榉树+红叶石楠+麦冬立体栽培模式不同配置密度的空间结构分析，小气候因子及植物生长、生物量数据测定和分析，对比不同植物组合的差异优劣，进行栽植密度及最优搭配组合的选择。其原理在于种间互补和竞争，主要表现为空间互补、时间互补、养分互补、水分互补和生物间互补等。比单一栽培红叶石楠更有效地利用了土地资源，并形成生态小环境，减少病虫害，实现生态系统的良性循环，具有明显的增产增效作用。主要技术要点包括：

(1)选择地势平坦、排水良好、土质肥沃的田圃，pH5.5~7.5　在所有苗木栽植前，对田地进行深耕细整，秋冬季时土地深翻，深度为25~30cm，生荒地深翻要达80~100cm。春季育苗前进行浅翻，以25~30cm为宜。采用高床育苗，苗床宽为200~300cm，高为25~30cm，长度一般为10~20m。翻地后做床，苗床长边一般以南北向为宜。苗床要达到土粒细碎、表面平整、上实下松。

(2)在榉树定植前，栽植穴直径为榉树苗土球直径的1~2倍，穴深20~30cm，并向穴内施基肥 于3月份先将3~5年苗龄的榉树苗木移栽定植，定植株距为150~180cm，行距为160~220cm；然后在每两株榉树之间，栽植一株30~35cm的红叶石楠小苗，保证红叶石楠小苗横成排纵成列，最后在每畦榉树与红叶石楠的两侧栽植花叶麦冬。

(3)定植后加强管理，浇透定根水，每年追肥2~3次，以有机肥为主，并于每年夏初对红叶石楠进行整形修剪 该模式因榉树是强喜光树种，树冠庞大，侧根根系发达，落叶量多，枯落物层结构疏松，增大了土壤表面粗糙度，从而能够疏松土壤，改善土壤透气性及结构，降低地表径流，促进水分下渗，固持水土，涵养水源，生态效益显著。榉树与商品价值较高且较耐阴的红叶石楠和地被植物麦冬等科学搭配、复合栽培经营，能有效利用榉树林下空间，提高林地光能和地力的利用，在单位面积上获取较高的经济收益和生态效益。因此，该模式可适用于江苏苏南地区类似立地条件，推广应用。

2. 北美栎树+红叶石楠立体栽培模式

落叶乔木（北美栎树）+常绿灌木（红叶石楠）的立体栽培模式（见图4-2）。该模式的具体方法是：采用北美栎树4年生及以上苗，按7m×7m定值，鸡爪槭采用3年生及以上苗，按3.5m×3.5m定植，红叶石楠采用2年生苗，按1.2m×1.2m定植，定植管理3年后，即可出圃用于园林工程。

此模式的优点是：北美栎树为强阳性树种，鸡爪槭为弱喜光、耐半阴树种，而红叶石楠发芽早，在江苏大约2月20日左右芽开始萌动。采用上述模式，北美栎树生长不受影响。夏天，在适当遮阴的环境下，减少了鸡爪槭热害，促进了鸡爪槭的健

图4－2 北美栎树+红叶石楠立体栽培模式

康生长。早春，北美栎树、鸡爪槭还处于落叶状态；红叶石楠发芽早，生长速度快，能充分利用光能进行光合作用，促进生长。夏季高温期红叶石楠处于短期休眠期，遮阴对其生长没有太大影响。

（二）定向培育技术

红叶石楠造型树是目前苗木市场价格较高的产品之一，是绿化苗木中较为特殊的一类产品，需要专业造型技术才能完成，以下介绍的是在园林生产中已成熟的定向培养技术，从而真正提高红叶石楠苗木培育的附加值。

1. 球形红叶石楠培育技术

在园林中需要用球形红叶石楠绿化来提高园林观赏效果（见图4－3a、图4－3b）。在培育红叶石楠过程中需要进行成球修剪培育，而常规生产中常常采用传统的冬季修剪，每年只

图4-3a 红叶石楠球形苗

图4-3b 红叶石楠球形苗

能增加一级分枝，红叶石楠至少需要培养5年才能形成商品化的红叶石楠球，且树型疏散，成球速度缓慢，严重影响了红叶石楠的上市进度，增加了苗木培育成本。

在球形红叶石楠培育过程中，我们摸索出一套成枝率高、球形美观、上市进度快的培育技术，该技术主要包括：

(1)选地及平整　选择pH5.5～7.5、地势平坦、排水良好、土质肥沃的地块，培育球形红叶石楠前要对土地进行深翻平整，尤其是旱作土壤深翻显得尤为重要，结合深翻施足基肥。

(2)选苗及种植　选择生长健壮、性状表现一致的红叶石楠1年生小苗，种植在选择圃地上，株行距配置根据苗木培养的球冠大小和出圃时间选择。

(3)摘心　1年生小苗栽后当年7月份，枝条抽枝8～9片叶子后，留6～7片叶子，其余叶子摘心剪掉；经摘心后到第二年4月下旬至5月上旬，当红叶石楠分别抽梢后，对新抽梢的枝条留4～5片叶再次摘心；第二年的7月份，即新抽梢的叶片抽梢成枝条，留7～8片叶摘心。

(4)修剪　经过2年3次摘心，红叶石楠已有球冠的雏形，第三年的7月份，通过园艺平剪修成球。

采用球形红叶石楠培育技术，经过3年摘心和修剪，每年可达二级分枝甚至有的能达到三级分枝，树型的紧凑度比常规修剪有了明显改善，4年可以出圃绿化，商品的性价比更高。

2. 红叶石楠独干苗与球形苗间植培育技术

红叶石楠独干苗与球形苗间植能充分地利用光能提高土地利用率，提高生产效益（见图4-4）。该培育技术主要是利用红叶石楠耐修剪、较耐阴、可塑性强等特点，将红叶石楠既可培育成灌木型，也可培育成小乔木型，该技术主要包括：

(1)土地平整　选择不易积水受涝的地块，栽植前对土地进行深翻平整，尤其是旱作土壤深翻显得尤为重要，结合深翻施足基肥。

(2)株行距配置　根据苗木出圃规格和时间选择不同的株行距，行距大于株距，便于田间操作管理。一般出圃规格大、培育时间长，株行距宜大些；反之株行距宜小些。以球形苗冠径2.0m、独干苗地径5.5cm、间植时间3年目标为例，宜按1.2m×1.5m的株行距，亩栽植370株左右。若以球形苗冠径

2.5m、独干苗地径7cm、培植时间4年为例，宜按1.5m×2.0m的株行距，每亩栽植220株左右。

(3)**种苗规格** 为保证苗木的整齐度，宜选用大小基本一致的种苗，球形苗培育宜选用地径2cm、高度80cm且在20~30cm处具有多分枝的良种苗，独干苗培育宜选用地径2cm、高度150cm且主干笔直的良种苗，起苗时应带土球。

(4)**定植时间** 宜在春季枝条未萌发前或秋季栽植为宜。定植

图4-4 红叶石楠独干苗

前按照株行距定点开穴，开穴以深度40cm、直径50cm为宜，定植不宜过深，穴底先填上表层熟土，树苗土球略高于田面，土球上再覆3cm土层为宜，边填土边踏实，四周稍高，便于浇水，栽后应浇透水，浇水后再覆一层土以利保持水分。

(5)间种方式　按照株行距开穴，做到横竖都各在直线上，横竖都按照球型苗与独干苗相间的方法栽植。

(6)栽后管理

① 清沟理墒：红叶石楠怕积水，栽植后应及时进行清沟理墒，防止积水，做到雨停田干。

② 化学除草：红叶石楠清沟理墒后3～5天，在无风或微风时可用乙草胺对土面进行喷雾，防止杂草生长。

③ 修剪整枝：修剪整枝是红叶石楠独干苗与球形苗间植培育的关键。栽植后当年要对红叶石楠进行平衡修剪，对枝条过密的进行疏剪，对枝条过长的进行短截，对球形苗超高的进行平剪，保持球形整体高度一致。此期，让球形苗和单干苗充分生长，以充分利用下部空间。栽植一年后要根据球形苗冠径的逐步增大，疏剪和短截单干苗下部枝条，逐步让出下部空间，直至球形苗接近封行前，全部剪除单干苗下部枝条。

④ 施肥：红叶石楠栽植成活后，每年第一次春梢萌发时亩施25kg复合肥，以后在每次新梢生长时施15kg尿素，每年施3～4次肥。

3. 红叶石楠乔木化培育技术

目前，生产中通常将红叶石楠整形修剪培育为球状矮小灌木，但这种培育方式需要投入非常多的人力和物力，自然生长的红叶石楠分枝低矮，属灌木或小乔木（见图4－5a、图4－5b）。由于红叶石楠萌蘖性较强，通过乔木化培养技术，即对红叶石楠下侧枝的修剪，使其增高、乔木化、上部的枝叶生长势较好、植株上端红艳下端修长，来满足园林绿化中乔木化的红叶石楠球的大批需求。该技术要点包括：

(1)选苗定植　选择生长健壮、无病虫害、苗高50cm以上2年

图4－5a 红叶石楠乔木化苗

生的独干苗，株行距50cm×50cm定植培养2年。

（2）**第三年培育** 第三年红叶石楠树高达到150～180cm后进行移植，株行距150cm×150cm。早春第一次修剪，修剪主干枝下高度80cm以下的全部小枝，80cm以上枝条全部保留，夏季（7～8月份）对主梢摘心和修剪。

（3）**第四年培育** 第四年早春修剪主干枝下高120cm以下的全部小枝，120cm以上的枝条全部保留，夏季（7～8月份）对主梢摘心和修剪。

（4）**第五年培育** 第五年早春修剪主干枝下高180cm以下的全部小枝，180cm的枝条全部保留，夏季（7～8月份）对主梢摘心和修剪。

经过5年的乔木化培育，红叶石楠株高可达3～3.5m，可直接用于行道树等工程绿化。

图4-5b　园林中乔木化的红叶石楠（吴林燕提供）

4. 红叶石楠柱形苗培育技术

⑴ **选苗定植**　选择生长健壮、无病虫害、苗高50cm以上2年生的独干红叶石楠苗定植，株行距120cm×120cm，于早春摘心。

⑵**当年修剪管理**　5月中旬第一次生长高峰结束，约有4~5个分枝，每分枝达20cm左右进行第一次修剪，树冠宽度处剪去枝梢10cm左右，高度处枝梢剪去5cm左右，促进分枝。8月中旬红叶石楠第二次生长高峰停止后进行第二次修剪，同样树冠宽度处剪去枝梢10cm左右，高度处枝梢剪去5cm左右。

图4-6 红叶石楠柱形苗培育

(3)第二年和第三年修剪管理 第二年和第三年的5月中旬和8月中旬的修剪与第一年定植苗修剪方法相同。

经过3年的培育，红叶石楠柱形冠达到180cm×80cm，可直接用于广场、道路等绿化造景（见图4-6）。

（三）容器大苗培育技术

红叶石楠容器大苗培育具有可随意移动、成活率高、生态效果无折扣、后期管理成本低等特点，尤其能满足园林树木反季节栽培的需要。以下主要介绍3年生以上的红叶石楠大苗采用容器栽培定向培养技术。

1.控根器

选用火箭盆控根容器、美植袋控根容器两种控根容器，并在生产单位得到了推广应用（见图4-7、图4-8）。

(1)火箭盆控根容器 火箭盆控根容器使用聚乙烯材料，侧壁内壁有一层特殊薄膜，且容器侧壁凸凹相间、外部突出的顶端开有小孔，当种苗根系向外生长接触到空气（侧壁上的小孔）或内

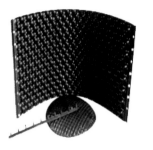  

图4-7 控根器　　　　　　　　图4-8 控根器培育红叶石楠

壁的任何部位时，根尖则停止生长，接着在根尖后部萌发出数个新根继续向外生长，当接触到空气（侧壁上的小孔）或内壁的任何部位时，又停止生长，并在根尖后部长出数个新根。

(2)美植袋控根容器　美植袋控根容器又称植树袋或物理袋控根容器，由非纺织聚丙烯材料经特殊加工制成，具有透水透气性，不会有水分蓄积于袋中造成根腐现象，并能允许细根的穿过。美植袋苗木在生长过程中根系自然向外伸展，当根尖触到美植袋时，根系能够穿过，但受美植袋制作材料的束缚，根系不易增粗，其形态会发生改变，从而产生更多的侧根。

2. 育苗场地

生产中一般采取地面摆放红叶石楠容器大苗，即容器大苗宜放在地势平缓的圃地，避免浇灌时水肥偏流，更要防止植株倒伏。为达到较好的控根效果，必须在生产区域先铺上碎沙石或地布，再摆放上容器。这样做的好处在于容器苗木控根效果好，根系发达；不利之处在于容器容易倒伏，易受环境胁迫，管理强度大。生产实践经验告诉我们，少量根系透过容器底部并伸入地下土壤对苗木生长有一定的益处。

3. 培养基质

红叶石楠容器大苗培育主要采用半轻基质，即营养土和各种有机质各占一定比例的基质，其质地重量介于重型基质和轻型基质之间，容重在$0.25 \sim 0.75 g/cm^3$。实验结果表明：红叶石楠一般应选择在总孔隙度为23.5%和21.9%、土壤容重为$0.39g/cm^3$

和0.25g/cm³的2种基质中生长，其基质的通气性良好，有利于根系和植株的生长。

4. 肥水管理

红叶石楠容器大苗不同于裸根苗，它不能通过根系的无限延伸获得水肥补充，更多的是依赖外来水肥供给，因而肥水管理是容器育苗中一项重要的栽培技术措施。

施肥可根据植株的生长发育时期，分别采用施基肥、追肥和叶面施肥等方法，补充养分，满足植株生长发育的需要。施肥不仅能够显著提高容器苗的生长量和促进根系发育，还能够显著增加苗木的二次或二次以上抽梢以及总生长量。

(1)不同种类的肥料对容器大苗木生长的影响不同 通过对红叶石楠容器苗的施肥结果表明：有机肥（膨化鸡粪N+P+K≥5.0%，有机质≥50%）能够显著促进植株的高生长及冠幅增长，可使红叶石楠容器苗高生长提高1倍以上，冠幅生长提高4712%；复合肥（N∶P∶K =16∶16∶16）次之；尿素和对照的作用最小。

(2)不同施肥量对红叶石楠容器苗生长的影响 结果表明，在施肥量相同的情况下，含磷较高的复合肥（N∶P∶K=1∶1∶1）的施肥效果好于含磷较低的复合肥（N∶P∶K=4∶1∶1）。说明基质中磷肥的含量受到关注，磷肥供应充足与否直接影响到苗木的生长和质量。

容器苗施肥后需要及时浇水，但浇水不当会直接影响到肥效。氮肥在基质中流动性大，浇水过多易引起氮素的流失，因而施肥时应增加施肥量或施肥次数，或者改变浇水的方式，变大水浇灌为滴灌。磷钾肥在基质中相对稳定，受浇水量的影响较小，因而施肥间隔时间可以长些，施肥次数也可以少些。

5. 夏季蒸腾抑制

夏季高温容易引起较强的蒸腾，导致植株失水萎蔫，甚至干枯死亡，尤其是容器苗根系接触的基质有限，只能吸收容器内基质所提供的水分，由此而引起的植株失水现象会更明显。因此，采取一定的措施来抑制夏季蒸腾作用不仅可以减少水分的消耗，还有利于植物的生长。这些措施包括：

(1)搭遮阳网。

(2)降低温度。

(3)增加湿度。

(4)使用一些如苯汞乙酸、长链的醇类、硅酮、丁二烯丙烯酸等植物蒸腾抑制剂。

此外，还应在夏季来临时对植株进行部分疏枝修剪，减少蒸腾面积。选择合理的容器苗摆放方式也能起到一定的保湿效果，抑制蒸腾强度。

6. 容器摆放和苗木固定

容器大苗的摆放应根据苗木规格、培育年限和苗木速生性等设定株行距，对于大规格容器苗，由于移动较困难，应留足苗木生长空间。一般情况下，苗木培育年限在2～3年，此后将

图4－9　控根器栽培的红叶石楠

苗木出圃最好。

可以根据所用容器和当地具体情况采取地面、半埋和全埋3种方式摆放容器大苗，不同摆放形式会对苗木管理强度和控根效果产生一定程度的影响。采用半埋和全埋摆放方式的容器苗，可减少苗木的管理强度，增强苗木抵御外界环境的缓冲作用，但却弱化了控根作用。

地面摆放的容器苗由于很容易被风刮倒或挪动，因而首先要做好苗木的固定工作。常用的方法有：钢管、钢丝固定；杨树干、竹子等绑扎固定；在容器的周围钉上若干木楔起固定作用。

容器的摆放要整齐、美观，密度要合理，中间留出步道，便于管理和操作（见图4-9）。

第五章
红叶石楠主要病虫害及其防治

HONGYESHINAN ZHUYAO BINGCHONGHAI JIQI FANGZHI

红叶石楠作为优良的彩叶苗木，有很强的适应性，自从20世纪引入我国栽培迄今还未发现有毁灭性病虫害。10多年来，在红叶石楠快繁、培育和园林应用等方面开展的相关研究颇多，且相关技术也日臻完善，但对病虫害方面的研究工作则刚刚起步。实际上，在红叶石楠快繁和培育过程中，如果管理不当或苗圃环境不良，也常发生一些影响苗木成活和生长的病虫害，如灰霉病、叶斑病、介壳虫等，不仅影响红叶石楠的经济价值和观赏价值，还成为病害的侵染源，破坏原有的景观设计效果，危及生态环境安全。本章重点介绍红叶石楠主要病虫害发生规律及其防治措施，以供参考。

一、红叶石楠常见病害及其防治措施

植物受到病原生物或不良环境条件的持续干扰，如果干扰强度超过了能够忍耐的程度，植物正常的生理功能就会受到严重影响，在生理上和外观上表现出异常，使产量降低，品质下降，甚至植株死亡，影响观赏价值和园林景色，这种现象称为园林植物病害。园林植物病害包括侵染性病害和非侵染性病害两种。

由病原生物引起的是侵染性病害，这些病原生物包括真菌、原核生物、线虫、病毒、寄生性种子植物、藻类、原生动物等；它们都是异养生物，依靠摄取其他生物的养分来维持生活。

由植株在生长环境中有不适宜的物理、化学等因素直接或间接引起的病害是非侵染性病害。它和侵染性病害的区别在于没有病原生物的侵染，在植物不同的个体间不能互相传染，所以又称生理病害。

非侵染性病害可降低植物对病原生物的抵抗能力，更有利于侵染性病原的侵入和发病。同样，侵染性病害有时也会削弱植物对非侵染性病害的抵抗力。

（一）非侵染性病害

红叶石楠因耐性较强，非侵染性病害较为少见，除极端气候外，其非生物影响因素主要是栽培技术不当，尤其是水分因素和肥料管理。偶见日灼现象，可通过遮阴和地表覆盖稻草进行预防。因此，改善土壤及立地条件，加强水、肥管理，能较大程度降低红叶石楠非侵染性病害的发生几率。

在园林绿化中，主要可从以下几点预防红叶石楠的非侵染性病害：

1. 适宜的种植位置

红叶石楠应选择在林缘或旁有乔木的路边及草坪边缘种植，避免在常被践踏的土壤中和建筑物的风口处种植。

2. 优化的土壤结构和肥力

红叶石楠种植地点的土壤要求疏松、通气、有一定的肥力。基础较差的土壤要多施腐熟的有机肥，并在种植前翻入土中，种植时土中有机质的含量要达2%以上；适时的松土和除草对改善土壤通气性和生长条件很重要。

3. 合理的水分供应

栽植红叶石楠的土壤含水量要保持在20%~35%，下雨后要及时排水；高温、无雨时要及时浇水或喷水。如果土壤水分减少，会抑制其生长活动，使叶片变老加快，无新叶长出，红叶期短。在适宜的温度下，保持合适的土壤水分是养护的关键。合理松土也是调节土壤水分、疏松通气的有效措施。

4. 及时到位的肥料供给

随着红叶石楠的生长，土壤中的养分逐渐减少。一般来讲，在肥沃的土壤中苗木生长旺盛，不用施肥。如果新梢生长无力，较快停止生长，就要及时补充肥料，建议每1~2个月施一次复合肥，生长季节每1~2周施一次含3%左右的氮肥，保证适时抽生新梢。长势较差的可修剪后适量施肥，一般修剪后补充肥料有利于新梢生长，但不能过量。

5. 科学的修剪方法

适当的修剪是保持树形和调节生长势的有效手段。修剪可改善叶片间的通风、透光，减少病虫害的发生，目的是提高红叶石楠的观赏性。一般在早春（第一生长高峰期休眠后10天左右）、初夏（第二生长高峰期休眠后10天左右）和初秋（第三生长高峰期休眠后10天左右）修剪。修剪的轻重可根据枝梢的长势决定，原则上是去弱留强，中等的适中处理，保持树形美观；一般剪口在节上0.5cm左右，忌留枯桩，并应把修剪和肥水补充相协调。

（二）侵染性病害

红叶石楠侵染性病害主要由真菌引起，还可能受到细菌性病害的侵染，具体防治过程中需要对症用药。偶见红叶石楠出现坏死、矮缩、褪绿叶斑等不明病害的症状，但未有翔实介绍。除此之外，病毒、植原体、线虫、寄生性种子植物等病因不明的病害未见报道。下面主要介绍红叶石楠常见真菌性病害的发病规律与防治措施。

灰霉病 Grape Mold

【病原】灰霉病由半知菌亚门葡萄孢属（*Botrytis*）灰葡萄孢菌（*Botrytis cinerea*）侵染所致。

【发病规律】低温、多雨、潮湿是该病害流行的主要气候条件，江南一带一般在4月中旬发生，灰霉病病菌发育的最适温度是16～23℃，25℃以上的气温不利于病害的蔓延。相对湿度持续在90%以上时病害极易发生流行，苗床期大发生可能造成缺苗或毁床。病原菌以菌核在土壤或病残体上越冬越夏，借气流、灌溉及农事操作从伤口、衰老器官等部位侵入。

【表现症状】该病主要为害红叶石楠的嫩枝、幼茎、叶片、花和果实等多种器官。病斑初为水渍状小点，随后扩展成

图5-1 红叶石楠灰霉病（徐超提供）

灰色大斑，最后染病部位满布灰色霉层，直至坏死或腐烂（见图5-1）。叶片发病一般从叶缘开始，坏死干枯呈扇形。

【防治措施】

(1)精心养护，加强栽培管理，增强植株抗病能力，缺乏微量元素时要适时适量喷施微量元素的叶面肥。

(2)注意排除积水，降低湿度，雨季来临之前可用50％多菌灵800倍液喷雾预防，每周喷1次，连续2～3次（也可喷洒50％扑海因可湿性粉剂1000倍液或25％使百克乳油900倍）。

(3)发病期可用50％多菌灵或80％代森锰锌可湿性粉剂500倍液或50％甲基托布津可湿性粉剂800～1000倍液或75％百菌清可湿性粉剂500倍液喷雾防治。

(4)发病后及时清除病叶、病梢，并集中烧毁。

炭疽病 Anthracnose

【病原】炭疽病由半知菌类刺盘孢霉菌属（*Colletotrichum*）

早期发病症状　　　　　　　　　　　后期形成黑色颗粒状病原物

图5-2 红叶石楠炭疽病症状（管斌提供）

图5-3 红叶石楠扦插苗炭疽病症状（陈国庆、徐超提供）

的胶孢炭疽菌（*Colletotrichum gloeosporioides*）侵染所致。

【发病规律】该病害在高温多湿、通风不良的环境条件下较易发生，以春季多雨季节发生严重。以菌丝体在病叶中越冬，第二年春，当气温上升到20℃左右时，病菌产生分生孢子，借风雨传播，遇雨天、空气湿度大时孢子萌发，侵入叶片组织。通过反复侵染，病势扩展加剧。病菌生长发育的适宜温度为25℃左右。一般五六月间开始发病，7月初达盛期，9月以后逐渐停止发病。

【表现症状】炭疽病是红叶石楠在扦插期间发生的一种重要病害，严重时可导致50%以上的死苗率。该病在叶、茎部位均可发生，致使叶、茎坏死。发病初期叶片上出现针眼大小的褐色小点，随着病害的发展褐色小点逐渐扩大，形成圆形或不规则形病斑，严重时病斑连接成片；病斑呈灰白色，边缘略呈紫褐色或红色，后期可见明显的黑色小颗粒，即病原物（见图5－2）；扦插期易造成红叶石楠只生根不发芽的状况，扦插小苗受害后茎干变黑、死亡（见图5－3）；成年植株期发病导致枝条枯死。

【防治措施】

⑴红叶石楠扦插后随时注意插床的湿度和温度，保持良好的通风，如果有苗木发病和腐烂现象，要及时清理，防止病害的蔓延。

⑵发病前，喷施80%代森锰锌可湿性粉剂800倍液或75%百菌清可湿性粉剂500倍液等保护性药剂防治。

⑶发病初期，用75%百菌清可湿性粉剂600倍液、25%咪鲜胺乳油1000倍液或50%多菌灵可湿性粉剂500倍液喷雾防治，每隔7～10天再喷一次，并注意摘除受害严重的病叶。

叶斑病 Leaf Spot

【病原】由半知菌类叶点霉属（*Phyllosticta*）和拟盘多毛孢

图5-4 叶点霉属分生孢子器

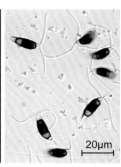

图5-5 拟盘多毛孢属菌落及分生孢子（徐超提供）

属（*Pestalotiopsis*）病原菌侵染所致（见图5-4、图5-5）。

【发病规律】该病原菌随病残体在土壤内越冬。该病常年发生，发病原因较多，雨水频繁的气候因子和栽植管护不当会诱发叶斑病的流行，梅雨季节发病较重。病菌一般通过伤口或气孔、水孔和皮孔侵入，发病后通过雨水、浇水、昆虫和结露传播。病菌生长温度1～35℃，发育适宜温度20～28℃，39℃停止生长，49～50℃会致死。空气湿度高或多雨或夜间结露多时易发病。田间每年6～8月发病最为严重，加之病菌对营养要求不高，具有较强的适应能力，一旦温度适宜，就会造成病害的迅速暴发和流行。其中拟盘多毛孢引起的轮纹病，每年4月份上旬开始侵染春梢的嫩叶，病叶可作为病源，随着红叶石楠枝梢的生长进行多次侵染，即枝梢每生长1次侵染1次，1年中在4～5月、7～8月、9～10月各有一个发病高峰，其中7～8月发病最为严重，10月下旬至11月初病害停止发展。

【表现症状】主要危害其叶和茎，叶片受害时，先出现褐色小点，以后逐渐扩大发展成多角病斑，被害叶片正面为红褐色，背面为黄褐色，扩展后病斑半圆形或不规则形状，严重时可引起落叶，病斑可连成块，甚至全株死亡（见图5-6）。危害叶片时，在叶尖、叶缘出现赤褐色、褐色病斑，病健交界处有一条红褐色降起线，为赤斑病；从叶尖、叶缘开始，形成圆形、半圆形、不规则形病斑，颜色为赤褐色至褐色，空气湿度

图5-6　叶斑病症状（孙蒙迪、管斌提供）

大时有黑色孢子堆，病健交界处有紫褐色边圈，后期病斑灰白为轮纹病。轮纹病主要危害嫩叶，严重时病斑连接成片形成大面积枯死斑，后期褐色枯死部分正反两面均可见轮纹，病叶变老后病害停止发展，病死部分不脱落。轮纹病在江南发生普遍而严重，严重阻碍了红叶石楠的生长。第二年3月下旬至4月上旬，温湿条件适宜的情况下，可在病叶上发现黑色小点粒——分生孢子器。

【防治措施】

(1)改善林间通透条件，及时剪除清理病叶，减少再侵染。

(2)加强管护，以清沟沥水、薄肥勤施等抚育措施增强树木生长势和自身抗病能力。

(3)选育抗病品种，避免圃地连种连作。

(4)该病常年发生，化学防治应以预防为主。在3～4月间叶片初萌动时，每隔10天喷施石硫合剂进行预防保护；由叶点霉引起的叶斑病发病初期可喷20％龙克菌1000～1500倍液或50％使百克800～1000倍液或80％代森锌500倍液进行防治，由拟盘多毛孢菌引起的叶斑病在发病初期可喷70％甲基托布津700～800倍液或50％多菌灵500～600倍液或50％退菌特600～700倍液，连续喷施3次可以有效防治该病害；春季发病较重时，每次雨期过后应喷施药剂。

白粉病　Powdery Mildew

【病原】白粉病由子囊菌亚门白粉菌属（*Erysiphe*）病原菌侵染所致（见图5－7）。

【发病规律】白粉病的菌丝体在病芽、病枝或落叶上越冬，在温室内可周年发生。翌年春气温回升时，病菌借气流或水珠飞溅传播。春季露地条件下温度20℃左右时，白粉病病原开始生长发育，并产生大量的分生孢子对植株进行传播和侵染。夏季高温高湿时又会产生大量分生孢子，扩大再侵染。分生孢子在叶片萌发，从叶片气孔进入组织内吸取叶片的养分。

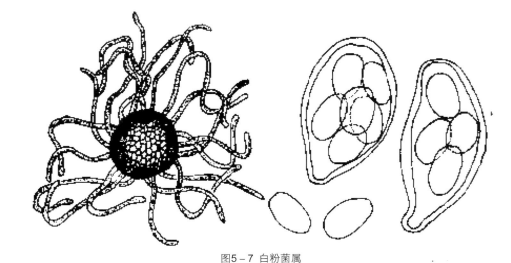

图5－7　白粉菌属

【表现症状】该病主要危害红叶石楠叶片，严重时可侵染植株的嫩叶、幼芽、嫩梢等部位。主要特征是发病时叶背面或两面出现一层粉状物。在发病初期，染病部位出现近圆形或不规则形的白色粉斑，并略显褪绿或呈畸形。在适宜的条件下，粉斑迅速扩大，并连接成片，使得叶面布满白色粉状霉。在发病后期，病叶会出现皱缩不平，并向背卷曲。严重时，植株矮，花少而小，叶片萎缩干枯，甚至整株死亡。

【防治措施】

⑴栽植时应仔细检查病芽、病叶，并及时剪除销毁，同时注意通风，控制湿度，从而控制发病条件。

⑵栽植后加强肥水管理，提高抗病能力。

⑶发病期用10%苯醚甲环唑乳油1500倍液、40%腈菌唑可湿性粉剂5000倍液、40%氟硅唑乳油7500倍液、15%三唑酮乳油750倍液或56%嘧菌酯1500倍液喷雾可有效防治该病害。

煤污病 Sooty Blotch

【病原】煤污病由子囊菌亚门的煤炱菌科（Capnodiaceae）的病原菌侵染所致（见图5-8），又称煤烟病、油斑病。

【发病规律】每年有2次发病高峰，春夏4～6月、秋天8～10月。以菌丝体、分生孢子、子囊孢子在病部及病落叶上越冬，翌年孢子主要由风雨传播或蚜虫、粉虱、介壳虫等昆虫刺吸取食传播。寄生到蚜虫、介壳虫等昆虫的分泌物及排泄物上或植物自身分泌物上或寄生在寄主上发育。高温多湿、通风不良、蚜虫、介壳虫等分泌蜜露类的害虫发生多，均可加重发病。

【表现症状】该病害大大降低红叶石楠的观赏价值和经济价值，对植株本身的直接影响不大，主要影响其光合作用，严重时也可引起植株死亡；其症状是在叶面、枝梢上形成黑色小霉斑，后扩大连片，使整个叶面、嫩梢上布满黑霉层，严重时

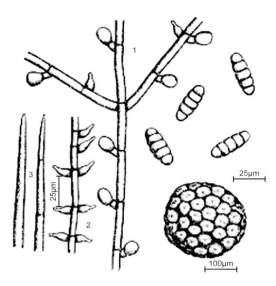

图5-8 煤炱菌科

导致植株提早落叶。

【防治措施】

(1)栽植时不要过密，保证通风透光良好，同时要适当修剪，以降低湿度，切忌环境湿闷。

(2)红叶石楠休眠期喷3～5波美度的石硫合剂，消灭越冬病原。

(3)该病发生与分泌蜜露的昆虫关系密切，适时喷药防治蚜虫、介壳虫等也是减少发病的主要措施。40%氧化乐果1000倍液或80%敌敌畏1500倍液、10～20倍松脂合剂、石油乳剂等均有较好的防治效果。对于寄生菌引起的煤污病，可喷用代森铵500～800倍，灭菌丹400倍液。

锈病 Rust Disease

【病原】锈病由担子菌亚门锈孢锈菌属（*Aecidium*）和石楠锈孢锈菌（*Aecidium pourthiaea*）侵染所致。

【发病规律】该病害为局部侵染,稍偏低的温暖天气适合大多锈菌的生长发育、孢子萌发,一般气温在10～26℃时发病较重,温度过高过低都会抑制孢子形成、萌发和侵染,故我国大多地区在春、秋两季为锈病多发期。每年3月初开始发生,反复侵染。病害与空气湿度密切相关,空气相对湿度连续数天在80%以上,尤其是饱和湿度,该病害发生严重。孢子在水滴或水膜中才能萌发,多雨、多露或大雾天气,易造成病害流行。在植物受害部产生小疱点,有的呈黄色至铁锈色(夏孢子堆),有的呈黑色(冬孢子堆),有的呈白色或黄色(性孢子器),有的则呈黄色的疱状、杯状或毛状物(锈孢子器)。锈菌的5种孢子中,能侵染寄主的只有锈孢子、夏孢子和担孢子,夏孢子可多次重复再侵染。孢子主要靠风传播,也有借雨水滴下溅传,也可借病苗木、插条和接穗等传病。锈孢子和夏孢子萌发后,一般从气孔侵入寄主,担孢子可直接穿过寄主表皮或从气孔侵入。一般幼芽、嫩叶、嫩枝易受侵染而发病。

【表现症状】主要危害红叶石楠的叶片、腋芽和枝梢。发病初期,叶片病部形成近圆形或不规则褪色病斑,后病部变为红色。叶片正面长出橙黄色、针尖大小圆形突起,并伴有黏稠状液滴出现;叶背面形成橙黄色、短圆柱状、直立聚生的锈孢子堆,边缘破碎,不反卷。发病严重时,叶片两面,尤其是叶柄的两面均可以产生橙黄色的锈孢子堆。该病害有时也会危害已木质化的小枝。

【防治措施】

目前,生产上还没有药剂可以做到直接杀死病原物的锈孢子。一旦植株开始发病,喷施药剂只是起到抑制病害进一步发生的作用。因此,对锈病的防治还是要从减少病原侵染入手。

(1)在病害发生前进行保护性药剂的喷施。忌夜晚喷施和从上面下浇水,以免影响药剂效果。

(2)发病时可用25%粉锈宁可湿性粉剂1000～1500倍液、15%三唑酮乳油1000倍液、25%多菌灵可性湿性粉剂1000倍液或30%苯醚甲·丙环唑乳油3000倍液喷雾防治。

(3)春季摘除病叶，秋后清理落叶，集中烧毁；栽植不要过密，适当进行修剪改善通风透光条件；多品种混栽，避免单一幼树大面积栽植。

立枯病 Damping off Disease

【病原】立枯病由半知菌亚门中的镰刀菌（*Fusarium* spp.）（图见5-9）、茄丝核菌（*Rhzoctonia solani*）（见图5-10）和鞭毛菌亚门中的腐霉菌（*Pythium* spp.）（见图5-11）侵染所致。该病也可由非侵染性因素引起，如圃地积水、覆土过厚、表土板结或地表温度过高灼伤根茎等，是苗圃幼苗的主要病害。

【发病规律】镰刀菌、丝核菌、腐霉菌都是土壤习居菌，有较强的腐生习性，平时生活在土壤中的植物残体上，分别以厚垣孢子、菌核和卵孢子渡过不良环境，遇到合适环境和寄主便侵染致病。病害发生的时间，因各地气候条件不同而有差异。该病在刚出土的幼苗及大苗上均能发生，多在育苗中后期，一般在五六月间、幼苗出土后、种壳脱落前这段时间发病最重，1次病程只需要3~6小时，可连续多次侵染发病，造成病

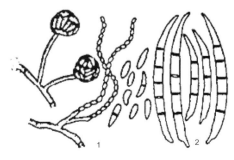

1.小型分生孢子　　2.大型分生孢子

图5-9 镰刀菌

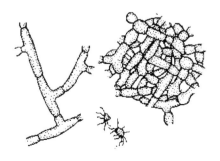

图5-10 茄丝核菌

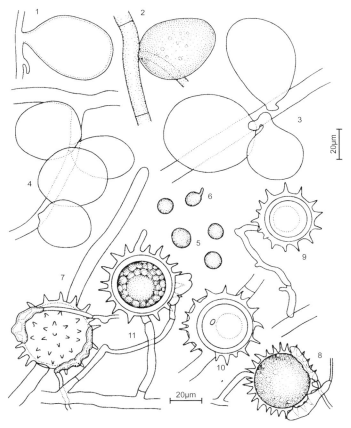

1～4.孢子囊；5、6.休止孢子及其萌发
7、8.藏卵器和雄器；9、10.藏卵器和卵孢子
11.藏卵器、雄器和卵孢子（S59—6）

图5－11　腐霉菌

害流行。发病条件多发生在阴天多雨、幼苗出土后的扎根时期、凡苗床温高、光照不足、土壤水分多、施用未腐熟肥料、播种过密、间苗不及时、徒长等均易诱发本病。立枯病多以菌丝体和菌核在土中越冬，可在土中腐生2～3年；通过雨水、喷淋、带菌有机肥及农具等传播；病菌发育适温20～24℃。

【**表现症状**】立枯病又称"死苗"，由于苗木幼嫩，茎部未木质化，外表未形成角质层和木栓层，病菌自根茎侵入，产生褐色斑点，病斑扩大，呈水渍状，引起根部皮层变色腐烂，苗木枯死但不倒伏。猝倒病俗称"倒苗"，病菌在苗茎组织中蔓延，会破坏苗茎组织，使苗木迅速倒伏，引起典型的幼苗猝倒症。立枯病和猝倒病的区别：

(1)*病状*　较显著的特点是立枯病是站着死，而猝倒病是幼苗猝倒而死。立枯病开始产生椭圆形不规则的暗褐色病斑，后来病斑扩大，绕茎一周，病部溢缩，最后叶子萎蔫枯死。

(2)*病症*　枯病苗拔起，潮湿时可看到浅褐色蛛丝网状的霉；而猝倒病的病菌是白色絮状物。

(3)*发病时间*　猝倒病一般发生在幼苗前期，刚出土的幼苗发病较多；立枯病发生较晚，一般在出苗经过一段时间生长之后发生。

(4)*发病温度*　15℃以下引发猝倒病；20～24℃条件不易发生立枯病。

【**防治措施**】根据幼苗立枯病的发生规律，应采取以育苗技术为主的综合防治措施。

(1)*土壤消毒*

①　多菌灵消毒：用50%的可湿性粉剂，每平方米拌1.5g。也可按1：20的比例配制成药土撒在圃地上，均能有效防治苗期病害。

②　五氯硝基苯消毒：每平方米苗圃地用75%五氯硝基苯4g、代森锌5g，混合后再与12kg细土拌匀，播种时下垫上盖，同时对防治炭疽病、猝倒病、菌核病等均有效。

(2)*营林措施*　因遮阴效果不良导致的植株嫩梢变软、枯萎可剪除病枝，待其重新发枝；完全枯死的植株连根挖除烧毁，消灭病原；移植过密的植株，要及时疏林，改善通风透光条件。

(3)*化学防治*

①　发病前每隔7～10天，每亩红叶石楠用0.5%～1%的波尔多液50～75kg喷洒，使红叶石楠外部形成保护膜，防止病菌侵

入，连喷2次。

② 发病后及时清除感病红叶石楠苗，在感病红叶石楠苗穴周围撒石灰粉，以防止病害蔓延，并每隔10~15天施药1次，同时可用代森锌、甲基托布津等进行喷雾。对于幼苗猝倒病，因多在雨天发病，施用波尔多液易导致药剂流失并产生药害，可用黑白灰（即8：2柴灰与石灰）每亩撒施100~150kg，或用65%敌克松2g/m^2，与细黄心土拌匀后撒于苗木颈部，抑制病害蔓延。

二、红叶石楠主要虫害及其防治措施

红叶石楠除受病害危害以外，还会受到叶部害虫、蛀干害虫、地下害虫等有害昆虫的影响。下面主要介绍红叶石楠常见虫害的发生规律与防治措施。

（一）叶部害虫

蚜虫类 Aphidinea

【识别要点】蚜虫俗称腻虫或蜜虫等，隶属于半翅目蚜总科和球蚜总科。多数蚜虫具有柔软的绿色躯体，但其他颜色也很常见，如黑色、棕色和粉红色；体小而软，大小如针头；腹部有管状突起（腹管），蚜虫具有一对腹管，用于排出可迅速硬化的防御液，成分为甘油三酸脂，腹管通常管状，长常大于宽，基部粗。生活史复杂，无翅雌虫（干母）在夏季营孤雌生殖，卵胎生，产幼蚜。植株上的蚜虫过密时，有的长出两对大型膜质翅，寻找新宿主。夏末出现雌蚜虫和雄蚜虫，交配后，雌蚜虫产卵，以卵越冬。最终产生干母。

【危害特点与规律】蚜虫以成蚜或若蚜群集于红叶石楠幼芽、嫩茎或嫩叶上，用口针刺吸红叶石楠幼芽茎及嫩叶的汁液，春、夏、秋季均能发生，以夏、秋季发生严重，致使受害

部位呈现斑点或卷叶萎缩，导致红叶石楠树势减退、落叶、
叶色暗淡、生长迟缓（见图5-12）。在低于6℃时蚜虫潜伏越
冬，可耐-10℃左右的低温；高于6℃开始繁殖，但此温度下繁
殖很慢，约24天完成一代；温度在16℃时，约10天完成一代；
温度在20℃时，4~5天便完成一代。可诱发煤污病，直接影响

图5-12　蚜虫为害症状（范文锋提供）

红叶石楠的生长和观赏性，且其繁殖量大，在干旱季节容易造成灾害。

【防治措施】

(1)**苗圃管理**　加强管理措施，修剪、清除杂草，清理田园，及时改善通风透光条件，以减少蚜虫来源。

(2)**化学防治**　一般可在春季气温回升时，喷40%乐果乳油1200～1500倍液毒杀孵化卵，并在3～10月蚜虫高发季节，用10%吡虫啉可湿性粉剂1000倍液、20%啶虫脒可湿性粉剂3000倍液或15%丁硫·吡虫啉乳油3000倍液或25%吡蚜酮可湿性粉剂1000倍液每隔7天喷雾1次，防止成虫成灾。

红蜘蛛　Red Spider

【识别要点】红蜘蛛隶属于鳞翅目叶螨科植食螨类，俗称大蜘蛛、大龙、砂龙等，学名叶螨。我国的种类以朱砂叶螨为主，一般体长不到1mm，若螨可在0.2mm以下。成螨体微小，体形为圆形或长圆形，雄虫比雌虫更小。雌虫体近梨形，长不足1mm（0.4～0.6mm），体色变化大，一般呈红色或锈红色，也有褐绿或黑褐色的。全身由颚体和躯体（又细分前足体、后足体和末体三段）两部分构成。成螨足4对，幼螨足3对。越冬螨橙红色，卵球形，直径在0.1～0.2mm之间。幼螨体近圆形，长0.14mm左右，淡黄色。若螨形态和成螨相似，黄褐色。卵为圆球形，橙色至黄白色。

【危害特点与规律】红蜘蛛对红叶石楠的危害与蚜虫相似，一般在嫩叶背面取食。同时，由于红蜘蛛口器的刺激，叶片表皮细胞畸形增生，形成一层茸毛状物，所以还会引发另一种病害——毛毡病，使植株生长受到阻碍。红蜘蛛每年产1次卵，约产100只左右，1个月后开始孵化，1年发生13代，以卵越冬，越冬卵一般在3月初开始孵化，4月初全部孵化完毕，越冬后1～3代红蜘蛛主要在地面杂草上繁殖为害，4代以后危害木本植物。红蜘蛛喜欢高温干燥环境，因此，在高温干旱的气候条件下，繁殖迅速，为害严重。红蜘蛛多群集于花卉叶片背面吐丝结网为害。红蜘蛛的传播蔓延除靠自身爬行外，风、雨水及操作携带也是重要途径。

【防治措施】

(1)防治的关键是控制红叶石楠病苗和其他繁殖材料带病传播，并及时清除侵染源；平时应注意观察，发现叶片颜色异常时，应仔细检查叶背，个别叶片受害，可摘除带虫叶。

(2)红叶石楠叶片发生较多时，应及早喷药，春季新芽萌发前可用20%三氯杀螨醇800倍液喷雾进行预防，发病期用40%乐果乳剂800倍液或0.5波美度石硫合剂与0.02%～0.05%氯杀粉液混合使用进行防治。

扁刺蛾 Nettle Grub

【识别要点】扁刺蛾隶属于鳞翅目刺蛾科。体、翅均灰褐色；雌成虫体长16.5～18mm，翅展30～38mm；雄成虫体长14～16mm，翅展26～34mm。前翅2/3处有1条向内侧斜伸至后缘的深褐色纹，斜纹至翅基部翅面色深；斜纹内侧略靠上方有

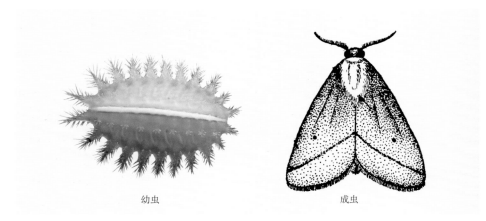

幼虫　　　　　　　　　成虫

图5-13 扁刺蛾幼虫及成虫

1条褐色线，前足各关节处有1个白点。雄蛾前翅中室上角有一黑点（雌蛾不明显）。卵扁长椭圆形，长1.1mm，初为淡黄绿色，孵化前呈灰褐色。老熟幼虫体长21～26mm，宽16mm，体扁平、长椭圆形，背部隆起；全体绿色或黄绿色，背线白色。腹部1～9节各有4个绿色枝状毒刺。蛹长10～15mm，前端肥钝，后端略尖削，近似纺锤形。初为乳白色，近羽化时变为黄褐色（见图5-13）。

【危害特点与规律】扁刺蛾在南京地区幼虫称"洋辣子"，食性杂，主要取食红叶石楠叶片。一般在南京地区1年发生2代，第1代于6～7月发生，第2代于8月底至9月初发生。幼虫可栖息于叶背。幼龄时取食叶肉，残留上表皮形成半透明枯斑，多在植株中下部成叶的背面活动，幼虫长大后逐渐上移，老熟幼虫可爬至根表面的土中结茧化蛹。第2代幼虫于老熟后在表土中结茧越冬，翌年初化蛹，5月中下旬成虫羽化。卵多散产于叶面，2龄幼虫取食叶肉，3龄后咬食表皮或穿孔，幼虫取食不分昼夜。5龄后大量蚕食叶片，虫量多时，常从一枝的下部叶片吃至上部，每枝仅存顶端几片嫩叶，严重时会吃光所有叶片。

【防治措施】

⑴化学防治　幼虫危害红叶石楠后叶片呈面膜状，极易被发现。25%亚胺硫磷乳剂1000～1500倍液或50%杀螟松1000倍液或80%敌敌畏乳1500倍液喷雾或甲胺磷2000倍液或菊酯类农药5000倍液进行喷杀。

⑵人工防治　挖除树干基部四周土壤中的虫茧，减少虫源。夏季为了避免杂草与树木争肥水，引发其他种类的病虫害，可进行人工除杂草。为防治地面蒸发快，可加盖遮阳网或无污染的保水剂以防水分蒸发。在7～8月份第1代成虫期或5～6月份第2代成虫期，用频振式杀虫灯诱杀成虫。在9月上旬南京地区扁刺蛾仍会发生第2代，此时要清理绿篱下的树叶杂草，以保证红叶石楠良好的生长环境。

(3)加强管理

① 修剪：首先，对已枯死的树枝进行清除，将截口面涂抹上树脂防腐剂。其次，对红叶石楠进行色块重修剪，使之回缩20cm，以刺激隐芽长出新枝。修剪后树体的中根部、茎干部的养分可以定向地运向叶芽。促进碳水化合物的积累转化和运转，以增强对新生芽的供应。

② 合理施肥：红叶石楠的叶片被扁刺蛾吃完后，隐芽开始萌动，此时新芽生长的营养主要靠氮素供应；在新芽生长期，除施氮肥外，还需施一定数量的磷钾肥，主要是在红叶石楠体内进行营养物质的积累，以加速叶片的革质化。为了使新生叶片能够维持较高的光合能力，钾肥的供应是非常必要的。施用磷肥可以加速花芽的角质化，促进花芽分化。冬耕加施基肥清除虫茧。

③ 水分管理：受害的红叶石楠一般不需要灌水，因此时红叶石楠的蒸腾作用较弱。但夏天温度较高，土壤水分蒸发量大，可以适当补水。在药剂防除后，隐芽膨胀，3～5天后露出2片新叶，此时可在叶面每天喷1～2次水。在施肥后必须灌透水。

隐纹谷弄蝶 Small Branded Swift

【识别要点】隶属于鳞翅目弄蝶科。幼虫，淡绿色，背线暗绿色，头颅具褐色的"八"形纹，纹下端到达单眼外方。成虫体长17～19mm，翅黑褐色，披有黄绿色鳞片，前翅具8枚白斑排成半环状（见图5－14）。雌斑纹大于雄斑纹，前翅底面斑纹似翅表；后翅黑灰赭色，翅面无斑纹，翅底面具7个白斑。卵乳白略带青灰色，半圆形，斑顶略凸，卵面为5、6角形网纹，近卵基有5～6层牙形网纹。蛹浅绿色光滑，后变黄棕色。头顶尖突如锥，长约2mm，喙伸长至第7腹节间，游离段长6mm以内。

【危害特点与规律】浙江1年3代，幼虫于杂草中越冬，翌年6月间幼虫化蛹羽化，各代发生期为7月上旬、8月上旬、9月下旬；江西6月上旬第一代幼虫始见，6月中旬化蛹，6月下旬羽

图5-14 隐纹谷弄蝶成虫

化。成虫产卵于新梢嫩叶上，卵期4～5天；幼虫3龄前在叶尖吐丝缀苞，4、5龄后离苞取食，于嫩枝茎干内钻蛀为害，导致新梢枯梢、枝叶枯死、生长迟缓、叶色暗淡；老熟后吐一白细丝系绕胸部，蜕皮化蛹，白细丝继续系在胸腹交界处，尾部黏在叶面或叶鞘上，蛹期10～15天。

【防治措施】

(1)人工防治　人工摘除和剪除虫枝、虫叶，并带出圃地进行销毁。

(2)化学防治　水胺硫磷1000倍液喷雾；2.5%高效氯氟菊酯1500倍液加洗衣粉25g喷雾，提高附着力；50%杀螟松乳油125mL或90%晶体敌百虫100g加水50kg喷雾。

中国绿刺蛾　China Hampson

【识别要点】中国绿刺蛾隶属于鳞翅目刺蛾科，俗称"毛辣子"。幼虫长16～20mm；头小，棕褐色，缩在前胸下面；体呈黄

图5－15 中国绿刺蛾幼虫（范文峰提供）

绿色，前胸背板具1对黑点，背线红色，两侧具蓝绿色点线，侧线灰黄色较宽，具绿色细边（见图5－15）；各体节生灰黄色肉质刺瘤1对，以中后胸和9～10腹节的较大。成虫体长10～12mm，翅展21～28mm；头、胸部绿色；前翅绿色，肩角处褐色斑在中室下呈直角，外缘褐色带暗内弯。后翅灰褐色，臀角稍灰黄。卵长约1mm，长柱形，光滑，初淡黄，后变淡黄绿色。蛹长13～15mm，短粗；初产淡黄，后变黄褐色。茧扁椭圆形，暗褐色。

【危害特点与规律】成虫成块产卵于叶背，初孵幼虫不取食，2龄后幼虫开始啃食红叶石楠叶片，造成缺口或孔洞，低龄幼虫有群集性，稍大后分散活动危害，严重时吃光叶片。主要危害在春夏之交，一年发生2代。以老熟幼虫在松土层中结茧越冬。翌年5月化蛹，成虫分别于5月下旬、6月上旬和8月上旬出现，少数有3代。卵多产在叶背，少数产在叶表面。初龄幼虫有群集性。老熟幼虫在被害株基部松土层中结茧。夏季第一代也有少数在枝叶上结茧。如果不及时防治，虫害可以延续到秋季。造成大面积的红叶石楠叶片被吃掉，对红叶石楠生长造成严重危害。

【防治措施】

（1）人工防治 成虫羽化前摘除虫茧，消灭其中幼虫或蛹，及时摘除幼虫群集的叶片。

（2）**化学防治**　可用50%杀螟松乳油1000倍液、50%硫胺乳油1000倍液、50%马拉硫磷乳油1000倍液、20%甲氰菊酯乳油2000倍液、2.5%功夫3000～3500倍液、2.5%敌杀死乳油3000～3500倍液等进行喷雾。

蓑蛾　Bagworm Moths

【**识别要点**】蓑蛾，亦称袋蛾，隶属鳞翅目蓑蛾科。雌雄异型。成虫小型的翅展约为8mm，大型的翅展可达50mm；雄蛾复眼小，无单眼，口器退化，无喙；触角双栉齿状；翅发达，翅蓑蛾科幼虫织成的蓑囊里面有鳞片或只有鳞毛，呈半透明状，翅斑纹简单，色暗而不显，中脉在中室可见（见图5-16）。雌虫无翅，幼虫形，终生生活在幼虫所缀成的巢中。幼虫肥胖，胸足发达，腹足趾钩单序，椭圆形排列。

【**危害特点与规律**】幼虫能吐丝，缀枝叶为袋形的巢，背负行走，为害林木等。蓑蛾科，年生1～2代，5月中下旬后幼虫陆续化蛹，6月上旬至7月中旬成虫羽化并产卵，当年1代幼虫于6～8月发生，7～8月为害最重。幼虫多在孵化后1～2天下午先取食卵壳，后爬上枝叶或飘至附近枝叶上，吐丝黏缀碎叶营造护囊并开始取食（见图5-17）。个别以老熟幼虫在枝叶上的护

图5-16　蓑蛾的蓑囊（薛红提供）

图5-17 蓑蛾危害石楠（薛红提供）

囊内越冬，气温10℃左右，越冬幼虫开始活动和取食，由于此间虫龄高、食量大，成为石楠早春的主要叶部害虫之一。

【防治措施】

(1)**人工防治** 综合苗圃管理，发现虫囊及时摘除，集中烧毁。

(2)**化学防治** 在幼虫低龄盛期喷洒90％晶体敌百虫800～1000倍液或80％敌敌畏乳油1200倍液、50％杀螟松乳油1000倍液、50％辛硫磷乳油1500倍液、90％巴丹可湿性粉剂1200倍液、2.5％溴氰菊酯乳油4000倍液。

(3)**生物防治** 提倡喷洒每8含1亿活孢子的杀螟杆菌或青虫菌进行生物防治。同时，注意保护寄生蜂等天敌昆虫。

介壳虫 Scale Insects

【识别要点】介壳虫隶属同翅目蚧总科。介壳虫体态小，表面覆盖介壳，一般在植株上静止不动（如图5-18）。雌虫无翅，足和触角均退化；雄虫有一对柔翅，足和触角发达，刺吸式口器，体外被有蜡质介壳。卵通常埋在蜡丝块中、雌体下或雌虫分泌的介壳下，主要有白轮盾蚧、梨圆蚧、蛎盾蚧、皮屑长蚧、桔紫蛎蚧、粉蚧、红圆蚧等。

【危害特点与规律】介壳虫繁殖能力强，一年发生多代。

卵孵化为若虫，经过短时间爬行，营固定生活，即形成介壳。介壳虫在红叶石楠上主要为害顶芽和枝梢，取食汁液，破坏植物组织，引起组织褪色、死亡；而且还分泌一些特殊物质，使局部组织畸形或形成瘤瘿（见图5－19）；有些种类还是传播植物病毒病的重要媒介。当介壳虫大量发生时，常密被于枝叶上，介壳和分泌的蜡质等覆盖枝叶表面，严重影响植物的呼吸和光合作用。有些种类还排泄"蜜露"，诱发煤污病，危害很大，还会引来蚂蚁，致使受害植株树势衰弱，芽梢枯萎，皮层组织硬化、卷曲翘裂。介壳虫的虫体被一层角质的甲壳包裹着，如用药物对它直接喷洒不易奏效。

【防治措施】

(1)人工防治　在栽培花卉的过程中，发现有个别枝条或叶片有介壳虫，可用软刷轻轻刷除，或结合修剪，剪去虫枝、虫叶。要求刷净、剪净、集中烧毁，切勿乱扔。

(2)化学防治　大多数若虫孵化不久，体表尚未分泌蜡质，介壳更未形成，用药易杀死。根据介壳虫的各种发生情况，选择在若虫盛期喷药。每隔7～10天喷1次，连续2～3次。可用40%氧化乐果1000倍液，或50%马拉硫磷1500倍液，或255亚胺硫磷1000倍液，或50%敌敌畏1000倍液，或2.5%溴氰菊酯3000倍液或48%毒死蜱乳油1000～1200倍液、90%灭多威可溶性粉剂2000～2500倍液、40%杀扑磷乳油800～1000倍液、25%噻嗪酮

图5－18　白蜡蚧

图5－19　龟蜡蚧

可湿性粉剂500～600倍液。

(3)**生物防治** 保护和利用天敌，如捕食吹绵蚧的澳洲瓢虫、大红瓢虫，寄生盾蚧的金黄蚜小蜂、软蚧蚜小蜂、红点唇瓢虫等都是有效天敌，可以用来控制介壳虫的危害，应加以合理地保护和利用。

(4)**其他方法**

① 用食醋（米醋）50mL，将小棉球放入浸湿后，用湿棉球在受害的花木茎、叶上轻轻揩擦，即可将介壳虫擦掉杀灭。此法方便、安全，既能达到除虫目的，又可使被害的叶片重新返绿发亮。

② 用酒精轻轻地反复擦拭病株，就能把介壳虫除掉，且能除得十分干净、彻底，此法简便、安全，效果良好。

③ 用柴油、洗衣粉、水按10：0.6：6的比例调成母液，呈牛奶状，用水稀释含油30%药液后，对介壳虫危害的植株进行仔细喷洒，有较好的防治效果。

白粉虱 White Fly

【**识别要点**】白粉虱隶属于同翅目粉虱科，又称小白蛾子。白粉虱是一种温室和露地害虫，有成虫、卵、若虫和伪蛹4个虫态。成虫淡黄白色到白色，雌雄均有翅，翅面覆有白色蜡粉，停息时双翅在体上合成屋脊状，翅端半圆状遮住整个腹部（如图5－20）。卵长椭圆形，长约0.2～0.25mm，初产淡黄色，后变为黑褐色，有卵柄，产于叶背。幼虫（或称若虫）椭圆形、扁平，淡黄或深绿色，体表有长短不齐的蜡质丝状突起。蛹椭圆形，长约0.7～0.8mm，中间略隆起，黄褐色，体背有5～8对长短不齐的蜡丝。

【**危害特点与规律**】白粉虱在温室内1年可发生10余代，冬季在室外不可以存活，虽然越冬虫态和部位尚不清楚，但已经成为危害红叶石楠的一大害虫。

图5-20 白粉虱

以成虫和若虫群集于叶背，口器刺入叶肉，吸食汁液为主。危害植物后，造成叶片褪绿枯萎，叶片畸形僵化，使被害叶片生长受阻、细胞坏死而褪色变黄。同时繁殖力强，繁殖速度快，种群数量大，集体为害，其分泌物堆积于叶面上可引起煤污病的发生，严重污染叶片，常造成叶片脱落，严重时植株死亡。成虫寿命较长，每雌虫可产卵100余粒，成虫有趋嫩性，在嫩叶上产卵。

白粉虱在植物上的虫口密度分布呈一定规律：成虫喜群集于植株上部新叶背面并在其上产卵，虫卵极不易脱落；随着植株的生长，成虫不断向上部叶片转移，因而植株最上部新叶以成虫和初产的伪蛹壳为主。白粉虱在晴朗无风的白天比较活跃，而阴雨天和早晚时分活动能力不强，一般在1m方圆的距离内飞动，人工驱赶后，基本可恢复原处。

在石楠树上，白粉虱主要分布于叶背，一般不轻易飞动，即使人为轻轻翻动叶片也很少飞动。若虫在叶背面为害，3天内可以活动，当口器刺入叶组织后开始固定为害（柴立英，2008）。白粉虱成虫和若虫以刺吸口器吸食红叶石楠叶片汁液，被害叶片出现褪绿、变黄和萎蔫等症状，甚至全株枯死。

【防治措施】

⑴化学防治 在红叶石楠大面积爆发白粉虱时，可采用20%

氰戊酯乳油2000倍液、25%绿富隆2500倍液和10%吡虫啉可湿性粉剂2000倍液进行树冠喷雾，能迅速杀灭白粉虱群体；而从保护天敌的角度出发，则可采用40%氧化乐果乳油15mL/株根施，也能起到很好的防治效果。也可用15%丁硫·吡虫啉乳油1000～1500倍液、10%烯啶虫胺水剂1000倍液、25%吡蚜酮可湿性粉剂1000倍液、600～800倍蓟虱净、啶虫脒、0.30%（苦参碱）、噻虫嗪、菊马乳油、氯氰锌乳油、灭扫利、功夫菊酯或天王星等进行喷雾防治，7天用药1次，连续用2～3次。

(2)**其他方法** 在温室内可引入天敌蚜小蜂或加装防虫网；成虫对黄色有较强的趋性，可用黄色板诱捕成虫并涂以黏虫胶诱杀成虫，但不能杀卵，易复发。

石楠盘粉虱 Moor Besom Plate of Whitefly

【识别要点】石楠盘粉虱隶属于同翅目粉虱科。成虫乳黄色，体长约1.7mm，翅展约4.1mm，雌虫比雄虫略大。触角7节，翅2对，翅膜质透明，第1、2代成虫翅面则具黑色斑纹，越冬代成虫翅面不具黑色斑纹。成虫有分泌蜡粉的蜡板，产卵时在叶片上覆盖蜡粉。卵形似香蕉，由浅绿色逐渐变为乳黄色，卵基部后缘有1个卵柄深埋在叶片背面组织内。若虫分为3个龄期，1龄若虫触角、足均发达，2、3龄若虫触角和足均退化，营固定生活。蛹椭圆形，雌蛹长约1.1mm，雄蛹长约0.8mm，头、胸部背面有倒"T"形的羽化缝。

【危害特点与规律】该病1985年在上海首次发现，现全国大部分地区都已有分布。以若虫和蛹在石楠等寄主叶背刺吸汁液为主，使被害叶片发黄，提早落叶。成虫、若虫和蛹均能分泌出大量蜡絮，影响植株的光合作用。危害严重时期，每年八九月蜡絮纷纷飘落犹如"雪雨"，严重污染环境，同时若虫分泌的蜜露还会诱发煤污病，使石楠遭受双重危害，严重影响石楠等寄主的生长及景观，造成树势衰退，甚至死亡。

石楠盘粉虱1年发生3～4代，从第2代后开始出现世代重叠。蛹在叶片背面越冬，越冬代蛹于3月下旬开始羽化，3月下旬至4月上旬为羽化高峰期，初羽化的成虫不被蜡粉，全身透明，翅折叠，羽化5小时后成虫开始从腹部腹面蜡板分泌白色蜡粉，羽化1天后，成虫开始产卵。成虫喜结对飞行，栖于下部嫩叶背面交配产卵，产卵处微被白色蜡粉，卵不成块，相对集中产在一起。第1代卵于4月中下旬开始孵化，孵化高峰在4月底至5月初，经1、2、3龄若虫，5月中下旬出现第1代蛹。6月上中旬第1代蛹开始羽化。第1代成虫盛发期在6月中旬，并产下第2代卵，7月下旬出现第2代成虫，8月下旬出现第3代成虫，10月出现第4代成虫。11月中旬开始出现越冬代蛹。冬季，蛹仍不断分泌蜡粉。

【防治措施】

⑴结合植物整形修剪工作，剪除受害的枝叶，并及时清理受害枝叶进行销毁。

⑵利用该粉虱成虫对黄色的趋性，对成片种植的石楠，在成虫发生期，尤其在较为集中的越冬代成虫发生期，进行黄色板诱杀，能很好地抑制其种群基数，防止大量发生。此方法较适合于大面积片植红叶石楠。

⑶石楠盘粉虱的天敌主要有细蜂、瓢虫、草蛉、捕食螨等，而以内寄生细蜂为天敌优势种。在宜昌，细蜂1年3～4代，其成虫发生期与石楠盘粉虱1龄若虫发生期相吻合，在石楠盘粉虱1龄若虫孵化时不用喷药，自然条件下利用细蜂的寄生性就能较好地控制石楠盘粉虱的扩散。

⑷冬代成虫用40%杀扑磷乳油1000倍喷杀；若虫用10%吡虫啉1500～2000倍液喷雾防治。喷药时注意叶片正反两面都要喷到，喷药前如果先对石楠叶片进行清洗灰尘，则效果更佳。

⑸树干钻孔注药防治，适用于较大的独立石楠盘树。具体剂量可参考每厘米胸径用原药1～3mL不等，胸径在10cm以下的树用原药量1～2mL/cm；胸径在10～25cm的树用原药量

2～3mL/cm。据研究，1%阿维菌素可溶性液剂和10%吡虫啉可溶性液剂防治效果最好。

斑点喙丽金龟 Spotted Beetle Beak

【识别要点】斑点喙丽金龟隶属于鞘翅目金龟科，是一种杂食性害虫。金龟子是金龟子科昆虫的总称，常见的有铜绿金龟子、朝鲜黑金龟子、茶色金龟子、暗黑金龟子等，全世界有超过26000种。斑点喙丽金龟成虫体多为卵圆形，或椭圆形，触角鳃叶状，由9～11节组成，各节都能自由开闭，体壳坚硬，表面光滑，多有金属光泽。前翅坚硬，后翅膜质，多在夜间活动，有趋光性。有的种类还有拟死现象，受惊后即落地装死。成虫一般雄大雌小，危害植物的叶、花、芽及果实等地上部分。夏季交配产卵，卵多产在树根旁土壤中。幼虫乳白色，体常弯曲呈马蹄形，背上多横皱纹，尾部有刺毛，生活于土中，一般称为"蛴螬"。昼伏夜出危害，啮食植物根和块茎或幼苗等地下部分，为主要的地下害虫。老熟幼虫在地下作茧化蛹。

【危害特点与规律】斑点喙丽金龟又名茶色金龟子，食性杂，食量大，虫口多，为害集中。一年发生2代，以幼虫越冬，4月中旬至6月上旬化蛹，5月上旬成虫始见，5月下旬至7月中旬进入盛期，7月下旬为末期。第一代成虫8月上旬出现，9月上旬进入盛期，9月下旬为末期。成虫昼伏夜出，取食、交配、产卵，黎明陆续潜土。产卵延续时间11～43天，平均为21天，每雌虫产卵10～52粒，卵产于土中，幼虫孵化后会危害植物地下组织，10月间开始越冬。

【防治措施】应采用夜晚捕捉和日间喷药的综合防治方法。

(1)物理防治 可利用成虫趋光性，夜晚挂诱虫灯或点火堆诱杀。

(2)化学防治 可在植株叶面喷洒啶虫脒、锌硫磷、敌敌畏等药液，如用80%敌敌畏乳油或40%氧化乐果乳油600～800倍液喷洒叶片及地面；用2.5%敌百虫粉剂1份兑40份细土撒施地面毒杀成虫；片林可以在傍晚释放敌敌畏烟剂进行熏杀。

（二）蛀干害虫

吉丁虫　Flathead Borer

【识别要点】吉丁虫隶属于鞘翅目吉丁虫科，又称宝石甲壳虫。全体大多黑色，有些种类的鞘翅是带金属色泽的蓝色、铜绿色、绿色，体长约36mm。头呈三角形，头顶中央有一深沟，两侧有不规则的金黄色刻点，并有不规则的直沟，沟内有淡黄色短毛。复眼褐色，卵圆形。触角黑褐色，栉齿状，11节。前胸背脊成方形，但前方略狭。胸背上有许多金黄色刻点或由金黄色刻点组成的不规则纵线。鞘翅上有5条光滑的纵行隆起线，鞘翅外缘后端呈锯齿状。腹部第1节和第2节愈合不能动。虫体腹面黄褐色，有光泽。前胸腹面中央有一宽的纵沟，前缘有淡黄色短毛。腹面及足均密布金黄色刻点。

【危害特点与规律】吉丁虫是一类蛀干害虫，成虫在白天活动，喜欢阳光，通常栖息在树干的向阳部分。它的飞翔能力极强，既飞得高又飞得远，不易捕捉；但当栖息在树干或者树叶上时，却很少爬动，行动迟缓。种类不同，1年发生代数不同，一般1～3代，春季4月下旬化蛹，5～6月羽化。中午觅偶交配，卵产于皮层缝隙中。幼虫孵化后蛀食植株皮层部，最后蛀入木质部，蛀孔道不规则。成虫也可食害枝条基部。10月中下旬幼虫在寄主枝条中越冬。通常在红叶石楠半木质顶梢的叶腋处蛀入树干为害，使受害植株生长衰弱，表现为凋落、枯黄等症状。该类害虫一旦发生，受害植株就很难恢复生机。

【防治措施】

⑴引种红叶石楠时要加强检疫，严防购入带虫植株，并及时清除感虫病株和杂草。

(2)6月中下旬发现危害，要及时对植株周围的树木花草喷洒50％辛硫酸乳油100～200倍液、40％氧乐果200～400倍液、0.3％印楝素乳油1000～2000倍液、40％的久效磷乳油2000倍液喷雾，或用48％毒死蜱乳油100倍液涂干，或在9月上旬用25％杀虫霜对幼虫侵入部位进行涂抹毒杀，在秋冬季节对已被虫蛀食危害的植株要彻底清除烧毁，消灭虫源。

(3)对未枯死初发生萎蔫的植株，可在根部施用内吸性杀虫剂。

桑天牛（粒肩天牛） Mulberry Longicorn

【识别要点】桑天牛属于鞘翅目天牛科。幼虫长椭圆形，稍弯曲，乳白或黄白色（见图5－21）；老熟幼虫体长45～60mm，圆筒形，乳白色，前胸特别发达，背板后半部密生棕色颗粒小点，其中央夹有3对尖叶状凹陷纹。成虫体黑褐色，密生暗黄色细绒毛；触角鞭状；第1、2节黑色，其余各节灰白色，端部黑色；鞘翅基部密生黑瘤突，肩角有黑刺一个。蛹初为淡黄色，后变黄褐色。

【危害特点与规律】主要分布在华北、黄淮河流域和长江中下游地区。在长江以南1年1代，黄河以北2年1代，幼虫在虫道内越冬。4月底5月初开始化蛹，5月中旬为盛期。6月上旬至8月为成虫期，6月中旬至7月中旬为盛期。成虫白天危害红叶石楠叶片嫩茎，夜晚飞到林木上产卵，每雌虫可产卵约100余粒，成虫寿命40天左右。桑天牛幼虫孵化后钻蛀红叶石楠枝干，向上蛀食约10mm，以后转到树皮下和木质部内向下沿枝干蛀食，逐渐深入心材。每隔一定距离向外咬一圆形排泄孔，把粪屑排出孔外，随虫龄增大，孔径和孔间距离随之增大，表现为树皮臃肿或开裂，常见树汁外流，削弱树势，重者枯死。此后在虫道内找适当位置作蛹室化蛹，蛹期26～29天。因为害时间持续较长，影响植株的生长发育，导致树势衰弱病菌侵入，也易被风折断。受害严重时，会整株死亡，严重影响石楠的观赏价值。

图5-21 桑天牛幼虫

【防治措施】

⑴剪除受害枝、处理有虫枯枝和衰老、死亡植株，并集中烧毁，提高植株生长势，减轻危害。

⑵初龄幼虫可用敌敌畏、杀螟松或吡虫啉10~20倍液涂抹产卵刻槽；对排粪孔注入50%辛硫酸乳油或吡虫啉10~20倍液，每个虫孔最多注入10mm，然后用湿泥封孔。

⑶成虫发生时，在树干上喷洒40%乐果乳油500倍液、50%敌敌畏乳油、50%辛硫磷乳油、48%毒死蜱乳油或2.5%溴氰菊酯乳油等。

⑷树干涂白拒避成虫产卵或人工捕杀成虫和幼虫。

大丽菊螟蛾　Asiatic Corn Borer

【识别要点】大丽菊螟蛾隶属于鳞翅目螟蛾科蛀干害虫，又名亚洲玉米螟、大丽花螟等。老熟幼虫体长约19~30mm，体淡灰褐色，体背有纵线3条（图见5-22），胸部第2、3节背面各有4个圆形毛瘤。腹部第一至八节背面各有2列横排毛瘤。成虫雄蛾体长约10~14mm，翅展20~26mm，黄褐色；前翅内横线为暗褐色波状纹；外横线为暗褐色锯齿状纹，两线

图5-22 大丽菊螟蛾幼虫　　　　　图5-23 大丽菊螟蛾成虫

之间淡褐色，有两个褐色斑，近外缘有黄褐色带；雌蛾体长13～15mm，翅展25～34mm，体色略浅。卵短，椭圆形或卵形，扁平，略有光泽，长约1mm，初为乳白色，后转为黄白色，孵化前卵粒中央呈黑色（见图5-23）。蛹长14～18mm，纺锤形，黄褐或红褐色；雄蛹腹部瘦削，尾端较大；雌蛹腹部较肥大，尾端较钝圆。

【危害特点与规律】该虫主要危害红叶石楠的嫩茎和叶基部，被蛀茎的虫孔外常堆积污黄色虫粪，易受风折或萎蔫而死亡。在华北地区一年发生2代，以幼虫在寄主的蛀道内越冬。翌年5月下旬成虫羽化，日伏夜出。成虫一般将卵产在植物上部叶片背面，卵块成鱼鳞状，卵期7天。初孵幼虫从寄主的芽或叶柄基部蛀入茎内，幼虫有转移为害习性。4～10月幼虫为害期，8～9月为害最重，10月下旬幼虫进入越冬。危害红叶石楠时，成虫产卵于叶柄基部，幼虫孵化后先群集于心叶处或嫩叶上取食，初为害时能发现茎干上叶柄基部出现的黑斑和黑色虫粪排泄物。3龄前主要集中在幼嫩心叶上活动取食；4龄以后，大部分钻入茎干。被害植物茎干被蛀空，在树根附近能看到很多木屑，易受风折或萎蔫，发生严重时，植株上部或全株枯萎。末代老熟幼虫在茎干内过冬。树干出现钻孔，在树龄有3年以上的红叶石楠特别多见，且植株数量越大，受到该虫害为害的可能性越大。如果不及时治理，可能会导致树木被钻空。

【防治措施】

⑴加强种苗检疫，清除病虫枝叶。

⑵发生严重地区彻底烧毁有虫茎干，以减少越冬虫源。

⑶在成虫羽化期可用黑光灯诱杀。

⑷在发病地周围不要种植大丽花或杨柳。

⑸尽量选择在低龄幼虫期进行化学防治。可用90%敌百虫晶体800～1000倍液；在幼虫孵化初期喷施50%锌硫磷或50%杀螟松800～1000倍液、5%～10%吡虫啉800～1000倍液、45%丙溴辛硫磷（国光依它）1000倍液，或国光乙刻（20%氰戊菊酯）1500倍液+乐克（5.7%甲维盐）2000倍混合液、40%啶虫毒（必治）1500～2000倍液喷杀幼虫，连用1～2次，间隔7～10天。也可轮换用药，以延缓抗性的产生。防治时，针对卷叶危害这一特点，需重点喷淋受为害部位，才能保证药效。

⑹卵期释放赤眼蜂，一般放蜂量为1∶10。

（三）地下害虫

地下害虫栖居于土中，取食发芽的种子和苗木的幼根、嫩茎和幼芽部分。由于危害根部，所以常常出现缺苗断垄现象，最终导致苗木大面积死亡，严重影响到苗木的产量和质量。

蛴螬（金龟甲幼虫的总称） Scarabaeoidea

【识别要点】蛴螬隶属于鞘翅目金龟总科。金龟甲的幼虫又叫蛴螬，别名白土蚕、核桃虫，体肥大，体型弯曲呈"C"型，多为白色，少数为黄白色。头部褐色，上颚显著；蛴螬具胸足3对，一般后足较长；腹部肿胀，共10节，第10节称为臀节，臀节上生有刺毛，其数目的多少和排列方式也是分种的重要特征；体壁较柔软多皱，体表疏生细毛。头大而圆，多为黄褐色，生有左右对称的刚毛。卵椭圆形，长约3.5mm，乳白色，表面光滑，略具光泽。蛹大约长20mm，初为黄白色，后变成橙黄色，头部细小，向下稍弯，腹部末端有叉状突起一对。蛴螬一到两年1代，幼虫和成虫在土中越冬，成虫即金龟子。

【为害特点与规律】蛴螬白天藏在土中，晚上8：00～9：00进行取食等活动。有假死和趋光性，并对未腐熟的粪肥有趋性，有机质含量较高、湿润疏松的土壤或邻近有荒野、农田、林地都有利于蛴螬的发生。幼虫蛴螬始终在地下活动，与土壤温湿度关系密切。土壤潮湿则活动加强，尤其是连续阴雨天气。在土壤中随土壤温度升降作季节性上下移动，秋后潜入深土中蛰伏越冬。当10cm土温达5℃时开始上升土表，13～18℃时活动最盛，23℃以上则往深土中移动。春秋季在表土层活动，夏季时多在清晨和夜间到表土层活动。蛴螬春季向寄主根区土壤层移动，危害红叶石楠苗木根部，随后化蛹，成虫多在夏季羽化，多产卵于红叶石楠苗木根区土壤中，卵孵化后幼龄蛴螬啮食苗根并持续取食到入蛰越冬，会造成断根、死亡。因根部受损，受害苗易被拔起，所以蛴螬的连续和大面积取食易造成苗木成片死亡。

【防治措施】

(1)做好预测预报工作　调查和掌握成虫发生盛期，采取措施，及时防治。

(2)耕地杀虫　实行水、旱轮作；精耕细作，及时镇压土壤，清除田间杂草；大面积春秋耕，并跟犁拾虫等。发生严重地区，秋冬翻地可把越冬幼虫翻到地表使其风干、冻死或被天敌捕食，机械杀伤，防效明显。同时，应防止使用未腐熟有机肥料，以免招引成虫来产卵。

(3)药剂处理土壤　用50%辛硫磷乳油每亩200～250g，加水10倍喷于25～30kg细土上拌匀制成毒土，顺垄条施，随即浅锄，或将该毒土撒于种沟或地面，随即耕翻或混入厩肥中施用；用2%甲基异柳磷粉每亩2～3kg拌细土25～30kg制成毒土；用3%甲基异柳磷颗粒剂、3%呋喃丹颗粒剂、5%辛硫磷颗粒剂或5%地亚农颗粒剂，每亩2.5～3kg处理土壤。

(4)药剂拌种　用50%辛硫磷、50%对硫磷或20%异柳磷药剂与水和种子按1∶30∶（400～500）的比例拌种；用25%辛硫磷胶囊剂或25%对硫磷胶囊剂等有机磷药剂或用种子重量2%的35%克百威种衣剂包衣，还可兼治其他地下害虫。

（5）毒饵诱杀　每亩地用25%对硫磷或辛硫磷胶囊剂150～200g拌谷子等饵料5kg，或50%对硫磷、50%辛硫磷乳油50～100g拌饵料3～4kg，撒于沟中，亦可收到良好防治效果。

（6）物理方法　有条件地区可设置黑光灯诱杀成虫，减少蛴螬的发生数量。

（7）生物防治　利用茶色食虫虻、金龟子黑土蜂、白僵菌等防治。

小地老虎　Black Cutworm

【识别要点】地老虎隶属于鳞翅目夜蛾科，又名土蚕、地蚕。成虫体长17～23mm、宽6～7.5mm，翅展40～54mm。头、胸部背面暗褐色，足褐色，前足胫、跗节外缘灰褐色，中后足各节末端有灰褐色环纹。卵馒头形，直径约0.5mm、高约0.3mm，具纵横隆线。初产乳白色，渐变黄色，孵化前卵一顶端具黑点。幼虫圆筒形，老熟幼虫体长37～50mm、宽5～6mm；头部褐色，具黑褐色不规则网纹；体灰褐至暗褐色，体表粗糙、布大小不一而彼此分离的颗粒，背线、亚背线及气门线均黑褐色；前胸背板暗褐色，黄褐色臀板上具两条明显的深褐色纵带；胸足与腹足黄褐色（见图5-24）。口器与翅芽末端相齐，均伸达第四腹节后缘。腹部第4～7节背面前缘中央深褐色，且有粗大的刻点，两侧的细小刻点延伸至气门附近，第5～7节腹面前缘也有细小刻点；腹末端具短臀棘1对。

【为害特点与规律】小地老虎是红叶石楠常见的一种地下害虫，主要是幼虫危害幼苗根部。适宜生存温度为15～25℃，年发生代数随各地气候不同而异，愈往南年发生代数愈多；在长江以南以蛹及幼虫越冬，但在南亚热带地区无休眠现象，从

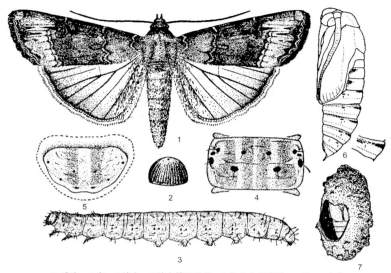

1.成虫　2.卵　3.幼虫　4.幼虫第四腹节　5.幼虫末节背板　6.蛹　7.土茧

图5-24　小地老虎

10月到第二年4月都见发生和危害。幼虫白天潜伏在土中，夜晚出来取食，将幼苗基部距地面1～2cm处咬断，拖入土中，也可爬至苗木上部咬食嫩茎和幼芽，造成缺苗或幼苗无顶，轻则造成缺苗断垄，重则毁种重播。当发现很多生长正常的幼苗突然倒伏或者萎蔫时，可以拔出幼苗，检查根部。如果出现明显的害虫啃食迹象，则很可能是小地老虎侵扰，翻开附近的土壤，一般可以捕捉到小地老虎。

【防治措施】小地老虎的防治应根据各地为害时期，因地制宜，幼虫3龄前用喷雾、喷粉或撒毒土进行防治；3龄后田间出现断苗，可用毒饵或毒草诱杀。田间常采取以农业防治和药剂防治相结合的综合防治措施。

(1)**农业防治**　主要是除草灭虫，春耕前进行精耕细作，或在初龄幼虫期铲除杂草，可消灭部分虫、卵。

(2)**物理防治**　通过糖、醋、酒诱杀液或甘薯、胡萝卜等发酵液诱杀成虫；还可在田间安装频振式杀虫灯、黑光灯（每盏灯控制面积为2~4hm^2），或放置装有糖醋诱杀剂（诱剂配法：糖3份，醋4份，水2份，酒1份，并按总量加入0.2%的90%晶体敌百虫）的盆诱杀小地老虎成虫；人工诱捕可用泡桐叶或莴苣叶诱捕幼虫，于每日清晨到田间捕捉；对高龄幼虫也可在清晨到田间检查，如果发现有断苗，可拨开附近的土块，进行捕杀。

　　(3)化学防治　　对不同龄期的幼虫，应采用不同的施药方法。每公顷可选用50%辛硫磷乳油750mL，或2.5%溴氰菊酯乳油或40%氯氰菊酯乳油300~450mL、90%晶体敌百虫750g，对水750L喷雾。喷药适期应在幼虫3龄盛发前。毒土或毒砂：可选用2.5%溴氰菊酯乳油90~100mL，或50%辛硫磷乳油或40%甲基异柳磷乳油500mL加水适量，喷拌细土50kg配成毒土，每公顷300~375kg顺垄撒施于幼苗根标附近。一般虫龄较大时可采用毒饵诱杀。选用90%晶体敌百虫0.5kg或50%辛硫磷乳油500mL，加水2.5~5L，喷在50kg碾碎炒香的棉籽饼、豆饼或麦麸上，于傍晚在受害红叶石楠田间每隔一定距离撒一小堆，或75kg/hm^{2}在根际附近围施；可用225~300kg/hm^{2}毒草（90%晶体敌百虫0.5kg，拌砸碎的鲜草75~100kg）围施。

东方蝼蛄　Oriental Mole Cricket

　　【识别要点】蝼蛄隶属于直翅目蝼蛄科，大型、土栖多种地栖性昆虫。中国已知4种：华北蝼蛄、非洲蝼蛄（应该是东方蝼蛄，发生遍及全国，一般在长江以南东方蝼蛄较多）、欧洲蝼蛄和台湾蝼蛄。其中，华北蝼蛄体长为36~55mm，黄褐色，前胸背板心形凹馅不明显，后足胫节背面内侧有1刺或没有；卵椭圆形，孵化前为深灰色；若虫与成虫相似（见图5-25）。非洲蝼蛄体长为30~35mm，灰褐色，全身密被细毛，头圆锥形，触角丝状，前胸背板卵圆形，中间具有一明显的暗红色长心形凹陷斑。前足为开掘足，后足胫节背面内侧具有3~4个刺；腹末具有1对尾须。卵椭圆形，最初为乳白色，孵化前为暗

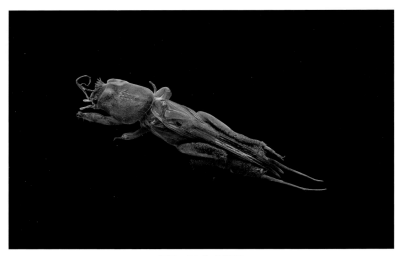

图5－25 东方蝼蛄

紫色。若虫与成虫相似；前足适于铲土，体圆柱形，头尖，体被绒状细毛；有翅，夜间可出洞；产卵管不突出；产卵于土穴内，穴内存放植物作为孵出若虫的食物。

【为害特点与规律】成虫有趋光性，一般于夜间活动，但气温适宜时，白天也可活动，土壤干旱时活动少。土壤相对湿度为2%～27%时，蝼蛄为害最重。蝼蛄能倒退疾走，成虫和若虫均善游泳，母虫有护卵哺幼习性。若虫至4龄期方可独立活动。蝼蛄的发生与环境有密切关系，常栖息于平原、轻盐碱地以及沿河、临海、近湖等低湿地带，特别是沙壤土和多腐殖质的地区。蝼蛄食性复杂，取食地下茎、根系、地上茎，造成地下茎和根系形成缺口、萎缩，嫩茎形成缺口、弯曲、萎缩，轻则影响苗木产量与品质，为害严重时造成植株局部或全株枯死。蝼蛄主要危害红叶石楠根部，以成虫或若虫咬食根部及靠近地面的幼茎部，被为害部位呈不整齐丝状残缺，苗木因此而失水枯死；也会在土壤表层开掘纵横交错的隧道，特别是扦插苗床，使幼苗须根与土壤脱离，造成缺苗断垄或成片死亡现象，为害也相当严重。

【防治措施】

(1)*肥料选择* 施用厩肥、堆肥等有机肥料要充分腐熟，可减少蝼蛄的产卵。

(2)*灯光诱杀成虫* 灯光诱杀在闷热天气、雨前的夜晚更有效。可在19：00～22：00时点灯诱杀。

(3)*鲜马粪或鲜草诱杀* 在苗床的步道上每隔20m左右挖一小土坑，将马粪、鲜草放入坑内，次日清晨捕杀，或施药毒杀。

(4)*毒饵诱杀* 用40.7%乐斯本乳油或50%辛硫磷乳油0.5kg拌入50kg煮至半熟或炒香的饵料（麦麸、米糠等）中作毒饵，傍晚均匀撒于苗床上。或每亩用碎豆饼5kg炒香后用90%晶体敌百虫100倍制成毒饵，傍晚撒入田内诱杀。

(5)*灌药毒杀* 在受害植株根际或苗床浇灌药液。在施有机肥时，每亩选用90%敌百虫或50%辛硫磷乳油1000倍液，加水50kg与有机肥混合均匀防治。

三、红叶石楠病虫害综合防治

红叶石楠具有优良的生理特性，栽培管理要求不高，对病虫害的抗性较强，但是要确保红叶石楠的健康生长，还是需要进行适当的养护管理，尤其是病虫害防治。植物病虫害的流行，大多是人为的生态平衡失调的结果。从经济、生态、寄主植物三要素考虑，园林植物病害防治的基本方针是"预防为主，综合治理"。

（一）选好圃地

选择水源较好而地势较高的轻黏壤土或沙壤土作为红叶石楠的圃地；坚持轮作制，即不在同一块圃地连续培育同一种红叶石楠。苗圃选好后土壤要事先消毒，主要方法有以下4种：

(1)*福尔马林消毒* 每平方米苗圃用福尔马林50mL加水10kg均匀喷洒地表，然后用塑料薄膜或草袋覆盖，闷10天左右揭开覆盖物，使气体挥发，2天后可播种。

(2)**多菌灵消毒** 用50%的可湿性粉剂，每平方米拌1.5g。也可按1∶20的比例配制成药土撒在苗床上，均能有效防治苗期病害。

(3)**五氯硝基苯消毒** 每平方米苗圃地用75%五氯硝基苯4g、代森锌5g，混合后再与12kg细土拌匀，播种时下垫上盖，对炭疽病、立枯病、猝倒病、菌核病等有特效。

(4)**硫酸亚铁消毒** 用3%的硫酸亚铁溶液处理土壤，每平方米用药液0.5kg，可防治针叶花木的苗枯病，桃、梅的缩叶病，兼治花卉缺铁引起的黄化病。圃地最好冬季深翻，第二年播种时浅翻一次。

（二）种子消毒

红叶石楠如果采用播种育苗，播种前应精选种子，淘汰病弱种。播种时要将种子进行药物处理，可用0.3%～0.5%的高锰酸钾溶液浸种1～1.5小时或将种子用50℃温水浸种24小时，然后将下沉的种子取出用0.2%的福尔马林溶液浸种30分钟，取出后再闷2小时。也可用0.5%～1%硫酸铜溶液浸种1～2小时，然后捞起种子用清水冲净药液，阴干后适时播种。播种时注意深度，盖土不宜过厚，以便种子萌发出苗。

（三）适当施用基肥

基肥应以施农家肥为主、化肥为辅。因垃圾肥、堆肥和厩肥可能带病菌，所以应堆置发酵腐熟后才能使用。红叶石楠种植后，视土壤条件、植物生长情况和修剪情况进行施肥。一般以春夏季节施肥为主，红叶石楠幼苗定植后15天左右就可以施复合肥5kg/亩，以后每年春夏季施肥10～15kg/亩。有条件的可在冬季施一次300～500kg/亩的有机肥，具体可根据植株大小、生长阶段等适当调节。例如：小苗因生长需要更多的磷肥，所以不能单纯使用氮肥等；经常修剪养护的绿篱、隔离带、色块和盆栽红叶石楠每年都需要补充营养，而不需要经常养护修剪的红叶石楠则可以延长施肥间隔。根据苗木大小可以采用穴施、沟施和撒施等方式。

（四）药剂防治

从红叶石楠苗期开始，每隔7～10天用0.5%～1%的波尔多液50～75kg喷洒红叶石楠幼苗苗床，使红叶石楠幼苗外部形成保护膜，防止病菌侵入。发病后，及时清除红叶石楠病苗，在病苗穴周围撒石灰粉，以防止蔓延，每隔10～15天施药1次，每亩可用敌克松500～800倍液100kg、65%的代森锌300～800倍液100kg喷雾，也可用1：100的甲基硫化砷药土150kg或8：2的草木灰石灰粉混合后适量撒施于红叶石楠苗床上进行治疗。此外，还可喷施铜铵合剂进行治疗。

（五）搞好排灌设施

在小苗移栽初期要适当增加浇水次数，保持根系周围土壤湿润，成苗按照"干干湿湿"的原则一次浇透。在红叶石楠生长季节要保持较高的土壤含水率，一般在20%～35%或土壤湿润，否则会对红叶石楠的抽梢和叶片生长产生影响。夏季多雨季节要及时排水，可根据地形设置排水沟，或在种植时根据地形布置排水，防止红叶石楠根系长时间浸泡在水中；夏季高温季节应在早晨进行叶面喷雾，保持叶面湿润，防止嫩梢、叶尖焦枯。冬季保持土壤含水率在15%以上，防止因受到干冻而死亡。

（六）适当修剪

红叶石楠植株的修剪可根据需要分别在冬季休眠期和春夏生长期进行。根据设计用途（孤植树型、矮球形造型、高干球形造型、绿篱造型、圆柱形造型、立方体造型等）以及植株生长需要进行适当修剪，以保持色块、绿篱和行道树的一致性。同时修剪去除枯枝、弱枝、徒长枝、病虫枝、风折枝等，提高植株的生长势，并于修剪后及时补充肥料。此外，红叶石楠种植后，可能因为各种原因如根系失水、病虫害取食，长时间淹水等因素造成植株死亡或与其他健康植株不协调，可及时补种同等规格的健康苗木。

另外，栽植前要彻底清园，减少越冬病原和虫口密度，适当进行药剂防治，一般在休眠期喷布铲除剂，在生长期有选择地喷布杀虫剂和保护剂，以防止病原生物与害虫产生抗药性。同时，加强植物检疫和病虫害测报工作。

第六章
红叶石楠在园林中的应用

HONGYESHINAN ZAI YUANLIN ZHONG DE YINGYONG

红叶石楠早春发出的新叶鲜红色，随着气温的升高，红叶石楠的叶色慢慢变绿，一般新叶生长后约1个月变绿，进入秋天新叶又变成鲜红色，老叶脱落前呈紫红色。红叶石楠的叶片颜色变化主要是受遗传因素、环境因素和色素变化等方面的影响。植物遗传多样性是红叶石楠叶片显红色的基础，其叶片红色受其遗传物质——基因的控制。红叶石楠生长的环境条件与叶片中色素的合成有极大的关系，如气温下降、昼夜温差加大、光照缩短、土壤干旱等生态条件的变化，会使叶片中叶绿素的合成受阻或中止，甚至被破坏。但是，其他色素如花青素、叶黄素、胡萝卜素、类胡萝卜素会相对增多。这样，叶片颜色就会发生相应变化。当花青素含量多时，叶片呈现红色，慢慢减少时，叶片呈紫红色。红色象征着光明、灿烂，是质朴而骄矜的颜色，是生命自身赞颂的一种语言。欣赏红叶历来被视为韵事、雅事。

一、红叶石楠景观价值

（一）姿态美

由于红叶石楠品种多、姿态各异、观叶期长、繁殖和管理容易，因此，可根据园林需要定向培养成球形、柱形、乔木型及其他几何状。乔木型红叶石楠因直干、枝叶密集被选为行道树；小叶石楠是矮生品种，被作为花境、路边、花坛等景观的镶边植物；灌木型红叶石楠则利于形成大面积色块，可以在需要形成大块的景观色彩中应用；红叶石楠还具有主干粗、耐修剪等特点，故宜作盆景、桩景等素材。千姿百态的红叶石楠不仅装点了人类的花园，而且还能给人们带来视觉上和心理上的享受。

（二）季相美

红叶石楠随着季节的更替不断变换着姿态和色彩，从而能给观赏者带来不同的季节感受。姿态各异的红叶石楠形色俱佳，新梢呈现红色，以春秋嫩叶红艳亮丽最为夺目，时间持久。片植如熊熊火焰，篱植如条条火龙，孤植更具生机与活力，起到万绿丛中一点红的功效。红叶石楠夏初白花，洁白无瑕；秋末赤果，恰似玛瑙，鲜红耀眼。秋冬季节，绿叶红果或绿叶红叶红果相间，疑似仙境。

（三）意境美

中国历史悠久，文化灿烂，为我国植物景观留下的宝贵文化遗产可以说独具特色。很多古代诗词和民众习俗中都留下了赋予植物人格化的优美篇章。从欣赏植物景观形态美到意境美的提升，是欣赏水平的升华，含义深邃，达到天人合一的境界。

石楠之所以深受我国人民喜爱，更主要的是它有独特的文学意境。历史上有许多文人墨客赞美它：

看石楠花
王建（唐）
留得行人忘却归，雨中须是石楠枝。
明朝独上铜台路，容见花开少许时。

石楠
张舜民（宋）
六代乔楠二百龄，分柯中有异枝生。
孤根自合藏幽处，瑞子何期应太平。

二、红叶石楠应用原则

完美的植物景观设计必须具备科学性与艺术性的高度统一，既满足植物与环境在生态适应性的统一，又要合理配置，体现出植物个体及群体的形式美及由此产生的意境美。红叶石楠色彩鲜艳，在园林中的配置更应遵循植物造景的美学原则——多样与统一、协调与对比、韵律与节奏、均衡等。只有红叶石楠与不同背景合理搭配，与周边环境协调一致，才能充分发挥红叶石楠独有的色彩美、姿态美、季相美和意境美，创造优美的景观。为充分发挥红叶石楠的观赏性和功能性，应遵循以下三点原则：

（一）符合红叶石楠的生物学特性

栽植红叶石楠要遵循生态适应的原则，选择符合红叶石楠要求的光照、水分、土壤等立地条件，以保证红叶石楠的健壮生长。

（二）与周围环境相协调

只有将红叶石楠与色彩反差较大的背景植物或建筑物进行搭配，利用色彩变化，同时注意与环境及建筑物的和谐统一，才能营造出特定的意境和诗意，获得最佳观赏效果。

（三）与生态效应相结合

应用红叶石楠时除考虑其生态习性、观赏特性外，对生态环境的改善也是环境绿化的重要目的。红叶石楠可在居住区、停车场、场区、街道或公路绿化做隔离带应用，既醒目又美观，还有抗污染作用。红叶石楠还是一种优良的护坡材料，不同造型的红叶石楠栽植于岩石坎上，既可以防止水土流失，又能提升景观效果。同时选其营造防火林带既能防火，又能美化环境，形成新的景观。

三、红叶石楠在园林中如何应用

红叶石楠枝繁叶茂，春秋两季新梢和嫩叶鲜红且持久，艳丽夺目，春夏之交和秋冬交替季节，红绿相间，在园林绿化上用途广泛，是绿化中不多见的红叶树种。

（一）片植

　　1～2年生的红叶石楠可修剪成矮小灌木，在园林绿地中充当地被植物，春秋的新梢嫩叶艳丽夺目，时间更为持久，片植时如熊熊火焰，或与其他彩叶植物组合成各种图案，红叶时期色彩对比更为显著。尤其在春秋两季，越修剪嫩叶越红，景观效果非常好，春夏时节，红、黄、绿3种颜色鲜艳夺目，极富气势。无论在街道、公园、专用绿地、居住区，还是在私人别墅内应用，都极富有生机盎然之美。在庭院、草坪、花坛、广场及公路立交桥两侧的互通绿地中，片植后修剪出平面的、立体的各式各样的几何形色彩图案，可提高冬季绿化美化的效果、档次和水平（见图6－1a、图6－1b、图6－1c）。

图6－1a　片植

图6－1b 片植

图6－1c 片植

（二）绿篱或幕墙

红叶石楠也可培育成独干不明显、丛生形的小乔木，群植成大型绿篱或幕墙，在居住区、厂区绿地、街道或公路绿化隔离带应用（见图6-2、图6-3a、图6-3b）。群植成树篱或幕墙时如条条火龙，非常艳丽，极具生机，既醒目又美观，还有抗污染作用。利用红叶石楠鲜红色的新梢和嫩叶，鲜艳持久的特性做色块来组织植物造景，与其他彩叶植物组合成各种图案，应用在庭院、草坪、花坛、广场及公路立交桥两侧的互通绿地中。红叶石楠生长速度快，且萌芽性强，耐修剪，在园林绿化上用途广泛，可根据园林需要栽培成不同的树形。

（三）孤植

红叶石楠还可培育成独干、球形树冠的乔木，在绿地中孤

图6-2 绿篱

图6－3a 幕墙

图6－3b 幕墙

植，更是画龙点睛，具有万绿丛中一点红的效果。作为园林绿化独特的观赏树，其绿叶期长、红色的嫩叶、白色的花朵，是不可多得的常绿开花乔木。它既能于庭院或草坪中孤植，独立成景，又能与多种园林建筑、地形、地貌相结合，起到点缀、烘托、对比的作用（见图6－4）。

（四）盆栽

红叶石楠的老叶片叶面光滑，颜色纯正，光泽度高，耐修剪，易管理，是一种较好的室内外观赏盆景，可以陈列于室内、广场、马路等地方，使观

图6－4　孤植

赏植物的种类增多，同时其红叶可以增添美景。'红罗宾'采用无土基质盆经修剪整枝后，造型典雅大方，用于铺设花境、模纹花坛等；布置在街头、路旁、休闲广场等地，起到盆花的作用，烘托节日、庆典活动的喜庆气氛室内栽培亦有很高的观赏价值，可用于室内绿化布置，是良好的室内观叶植物。利用红叶石楠耐修剪、萌芽力强、一年能多次抽芽以及发出鲜红色的新梢和嫩叶特性，用作企业事业单位绿化，经过修剪的红叶石楠会发出红色的新梢和嫩叶，特别是节庆日时，提前30天，修剪一次，等到节日那天新发出的红色新梢和嫩叶，显得格外艳丽，喜庆欢乐。目前，为了能达到这种喜庆欢乐的效

图6－5 盆栽

果，很多单位采用大规模地摆放一品红或一串红，如采用红叶石楠，会更美、更经济、效果更好（见图6－5）。

（五）行道树

红叶石楠有很强的生态适应性，耐低温，耐土壤瘠薄，也有一定的耐盐碱性和耐干旱能力。以培育成的高干球形树冠作行道树，其干立如火把，景观效果美丽。城市道路中间及两侧隔离带常以矮球形丛植、间植绿化美化（见图6－6）。

图6-6 行道树

（六）绿地景观及点缀

　　将红叶石楠培育成圆柱形、立方体形等，在绿地或景观中广泛应用，春秋新梢和嫩叶火红、色彩艳丽持久，极具生机。

图6-7 绿地景观

图6-8 绿地景观

夏季叶片转为亮绿色，给炎炎夏日中带来清新凉爽。红叶石楠既可以在园林绿化中独自成一道亮丽的风景，还可以与其他的园林建筑、地形等相结合，能起到良好的点缀作用。模纹花坛采用桂花、红叶石楠与金叶女贞、红花檵木、小龙柏、塔柏、紫薇和翠菊搭配栽培的"乔—灌—草"配置模式，布置成模纹花坛，红叶时期，色彩对比非常明显。点缀红叶石楠在园林绿地中既能独立成景，又能与多种园林建筑、地形、地貌相结合，起到点缀、烘托、对比的作用（见图6-7、图6-8）。

（七）抗性植物

红叶石楠耐干旱，对二氧化硫、氯气有较强的抗性，具有隔音功能，适用于街坊、厂矿区绿化。可在大气污染较严重地区栽种，是不可多得的抗污染树种。另外，它还具有较强的隔音效果，成片或成列种植等都能起到良好的消除噪声的作用。在公路、铁路沿线、机场及会产生较大的机械噪声的工厂附近合理种植，会有很好的环境效益。

（八）防火林带

红叶石楠除了在园林上的一些应用外，在造势、引导、隔离上的功能非常大，如果需要营造宏大的气势和更好的隔离效果时，红叶石楠是最好的选择。它可以营造一个密闭的隔离环境，形成高篱或者是大型幕墙，这个应用具备了防火林带物种选择依据之一。福建一国有林场经过5年防火林带的研究结果表明：红叶石楠防火林带的栽培比较容易，而且红叶石楠特有的性质可以达到一次投入长期收益的效果，值得林业上大规模推广应用。

第七章
红叶石楠推广

HONGYESHINAN TUIGUANG

一、红叶石楠推广概况

（一）推广现状

红叶石楠的选育、栽培及应用在欧美和日本等一些发达国家已有较长的历史，且随着对红叶石楠研究的不断深入，优良品种也在不断地推陈出新。目前，引入我国后适宜栽培的红叶石楠品种已多元化，良种繁育技术不断完善、成熟，推广应用范围也不断扩大。

1. 品种多样化、面积不断扩大

'红罗宾'是国内最早引进的品种，因其红叶期长且繁殖技术相对容易而迅速在华东地区得以推广应用，随后'红唇'、'强健'、'鲁宾斯'的引种也获得成功，目前'小叶'在园林景观中的模纹色块、绿篱、造型球、丛植中都广泛应用。5个品种中，'鲁宾斯'因其红叶期最长、株形紧凑、景观效果佳而备受消费者青睐。然而'鲁宾斯'因分枝能力较其他品种差，苗木繁殖相对困难，如组培苗继代增殖率低、生根率低、扦插成活率也相对较低，而影响该品种的推广应用。'强健'因其红叶期较短而没有得到大面积推广。'小叶'因株型矮小、分枝密实、生长慢、修剪次数少、耐－20℃低温、耐干瘠、耐盐碱、易养护等优点得到推广应用，国内大面积种植和开发的品种主要是'红罗宾'、'红唇'和'小叶'。

20世纪90年代末，红叶石楠仅有江苏农林职业技术学院、南京（万和种业）、杭州（森禾种业）、上海（绿亚景观工程有限公司）等地进行小规模的引种试种和繁育。因红叶石楠独特的红叶景观效果，加之我国园林绿化建设的形势，红叶石楠的引种、繁殖、培育及推广应用迅速延伸到湖南、浙江、福建、江苏、贵州、江西、湖北、四川、安徽、山东、河南等地的园林中。2006年，江苏绿苑园林建设有限公司在北京示范推广红叶石楠获得成功，可以在北京一些高档小区、别墅、公园等地保护性栽培。

2. 繁殖技术不断成熟和完善

红叶石楠繁殖方式主要包括组培、扦插、嫁接、播种等。组培和扦插是目前生产中的主要繁殖方式。红叶石楠作为珍贵的彩叶绿化树种，自引入国内栽培后，即掀起了组培技术研究的热潮，并获得了理想的离体培养植株再生效果。2001年，红叶石楠组培技术从单纯的技术研究向生产推广应用迈进，江苏绿苑园林建设有限公司通过组培繁殖技术培育出批量的红叶石楠组培苗。2004年，江西省林业科学研究院、浙江森禾种业股份有限公司进一步熟化红叶石楠组培繁殖技术，建立了高效组培快繁及规模化育苗配套技术体系，这标志着红叶石楠组培工厂化育苗已成为现实。2005年，福建省林业科学研究院本着"简化培养程序、降低苗木成本"的目标，对红叶石楠不同品种组培技术工序进行优化，红叶石楠年增殖系数可达5.85，这一指标从根本上解决了传统上组培苗成本高的问题，提升了组培苗的价格竞争优势，也加快了组培技术推广应用的步伐。

与此同时，红叶石楠扦插繁殖育苗技术从自动化控温的全光照喷雾扦插发展到穴盘扦插，再发展到露地（大田）扦插；从春插、秋插到不需要特殊的场地设备、不需要特殊的土壤消毒措施、用水量少、管理简便的夏季扦插。苗农采用"一芽一叶"穗条的大田扦插育苗，1株1年生的母本苗，1年可扩繁30～40株，扦插成活率均可达到90%以上。目前，红叶石楠扦插育苗技术已在基层育苗基地得到推广和普及，并取得了良好的经济效益和社会效益。

3. 种苗价格合理化

随着红叶石楠组培与扦插育苗技术的成熟和完善，其种苗生产成本大大降低，苗木价格也从过去的"高价、暴利"到"平价、微利"过渡。2004年年初，10cm高的红叶石楠组培苗市场价为0.9～1.2元/株，40cm高的组培苗价达2～2.6元/株。2007年，红叶石楠作为工程苗的容器苗价格为2～2.6元/株，边远地区则高达3元/株。近年来，通过红叶石楠穴盘扦插苗移栽到营养钵的操作流程，简化为先地插后断根移栽到营养钵内，或将枝条直接扦插到标准规格的营养钵内，不断简化苗木培育流程，降低生产成本。通过这些优化技术措施，扦插苗的生产成本可控制在0.1～0.2元/株；红叶石楠的价格也逐渐下跌，如今，1年生的扦插苗已经降到0.7～1.0元/株，甚至更低。绿化工程上用苗主要取决于景观效果和价格，随着繁殖量的加大，技术日益普及，红叶石楠工程用苗仍有一定的降价空间，价格的合理化改变了原有的"高档苗、高价用不起"的局面，另一方面也促进了红叶石楠在园林绿化中的广泛应用。

（二）推广优势

1. 适应性强

红叶石楠耐低温，短期可耐−15℃（地栽苗）以上低温，耐土壤贫瘠，在微酸、微碱性土壤中均生长良好，生长速度快，萌发率高，枝多叶茂，极耐修剪，抗逆性强，适应性广，病虫害较少，从黄河以南至广东均可正常生长。和我国的乡土树种石楠相比，红叶石楠表现出较强的杂交优势。

2. 叶色、姿态美

按常规自然生长，红叶石楠一年中基本上萌发3～4次新芽，新芽萌发时，新梢及嫩叶均鲜红夺目，且红得极富光泽和亮度。春至夏，一般抽枝2次，新叶从淡象牙红至鲜亮红再至淡红、再转绿，第一次历时近月余，夏前一次历时稍短（它的红色有点类似于春季萌发的红叶小檗，不同于红花檵木、红叶李等的暗红）；至盛夏，叶色则转深绿（夏季高温期较长，则绿叶期延长）；至初秋，又萌芽1～2次，至10月下旬停止发芽抽枝，叶子从11月下旬开始转绿，如果10月中旬再修剪一次，则发出的新芽红叶期可保持整个冬天（江浙一带），至次年春暖花开时才逐渐转成绿色。红叶石楠枝叶疏密有致，可自然形成散球状小乔木，如修剪则可成高球状、柱状、绿篱状、矮球状等，均仪态万千，鲜艳夺目。可以说，常绿树种中，目前，能与红叶石楠相媲美的红色观叶树种少之又少。

3. 市场前景广阔

目前，在木本红色观叶树木中，南方灌木应用最广泛的是红花檵木，小乔木则为红枫和红叶李等，与以上几种树种相比较，红叶石楠的主要优点是：

① 在用途上可作灌木色块、球状造型，也可作为小乔木用，在用途上更胜一筹。

② 通过修剪，冬天也可保证其叶色红色亮丽（江浙一带），弥补了冬天缺少红色系列树木的不足，且其喜阳耐半阴（红枫在直射强光下长势不好，容易焦叶；红叶李在弱光下颜色变暗变绿），具有较高的光线强弱适应性。

③ 红叶系列老品种单一、单调，自应用已很久，没有变化，急需用优秀的新品种去调和充实树木群落。红叶石楠将给多样性的生态园林添上一个优秀的树木品种。

红叶石楠的广泛应用性、强大适应性和优秀观赏性等特点，使其市场容量极大，它在园林绿化中有广阔的发展前景。

（三）苗木商品性能欠佳原因

随着红叶石楠在园林景观中的大范围使用，推广过程中有一些问题亟待解决。南方城市应用较多，北方城市尤其是黄河流域及以北地区引种和栽培利用较少，北方城市缺乏优良的常绿彩叶观赏树种资源，虽然北方有红叶李、红叶桃、红花檵木、紫叶小檗、紫叶矮樱等，但是，这几个树种的叶片革质化水平低，且非常绿树种，对水土要求又高，叶色偏深，在生态适应性、叶片观赏性等指标上都不能与红叶石楠相提并论。目前，我国对红叶石楠的树种特性和栽培应用技术缺乏系统的研究，生产上出现苗木繁殖不分品种优劣、盲目炒作等现象，使品种混杂，同一色块内有的颜色鲜红亮丽，有的却完全没有红的迹象，影响观赏效果。在栽培技术和园林应用方面缺乏科学性，使这一树种的色彩美、形态美、季相美、组合美等不能充分表现出来。主要原因有：

1. 品种差异

有的品种本身色泽就不是很鲜艳，这不是生长问题，而是由品种决定。'红罗宾'、'鲁宾斯'、'强健'等品种间存在不少差异。'鲁宾斯'的红叶期和红艳程度都比较好，叶片表面角质层较薄，叶色亮红，但光亮程度不如'红罗宾'。'红罗宾'叶片表面的角质层较厚，看起来特别光亮，但红叶期比'鲁宾斯'短。'强健'因其长势特别强健而得名，但叶片红色持续的时间较其他品种短，叶红色较淡，为带粉的橙红色。

2. 温度差异

红叶石楠不是全年红，而是一年只有5～8个月的红叶期。造成这个时间差异主要和红叶石楠栽培的地理位置、气候等因素有关。如果气温较高，红叶石楠就会变成绿色，高温的时间越长，持续绿色的时间也就越长。

3. 光照差异

红叶石楠随光照因素会产生不同色彩。红叶石楠性喜强光照，但也有很强的耐阴能力，红叶石楠在直射光照下色彩尤为鲜艳。栽植在林下的红叶石楠，由于光照不足，一般色彩较淡。

4. 繁殖方法差异

同一品种，如果采用不同的繁殖方法，其叶色也不一致。通过组培育苗的红叶石楠，其生长一致性程度要高于扦插育苗。如果第1代采用扦插，其叶色比第2代好，第3代再次之，植株代数越高，性状退化越明显。

5. 修剪时间差异

不同季节枝条的生长势和萌发力也不一样，因此，在不同时间进行修剪后抽发的新生枝条，其叶色也不一致。如'强健'，其最大的特点就是生长势特别强，长得快，叶色变化尤其明显。

6. 土质、肥水管理差异

红叶石楠栽植在沙性、微酸性及排水性良好的土壤上，往往表现出叶色特别红亮；栽植在板结、碱性及排水不良的土壤上，叶色鲜红的程度不高。红叶石楠喜欢潮湿的环境，但也不耐积水，轻微的积水都会导致红叶石楠的叶子发黄，失去红润的颜色。干旱缺水也会让红叶石楠的新枝条推迟生长，同时也会推迟红叶期。

（四）控制叶色及红叶期的有效方法

1. 调节光照

因红叶石楠性喜强光照，在进行规划设计和植物配置时，要尽量把红叶石楠配置在光照好的地方，以达到叶色亮红效果。

2. 调整修剪时间

为了能长期观赏红叶石楠的红叶，春季和秋季红叶石楠发芽后，叶色红艳，观赏期有40～50天，此时暂不修剪。待观赏期过后，再对其新生枝条进行统一修剪。修剪过晚，影响下一阶段生长；修剪过早，就会缩短红叶景观效果期。对新栽植的红叶石楠，要对植株进行适当打顶、短截，促其萌发侧枝，以促其在短时间内达到最佳效果。在夏季高温时节，植株生长较慢，不宜短截或重短截，否则，长势恢复难，影响景观效果。

3. 择优选择繁殖方法

为了保持优良的特性，尤其是大规模生产，尽量采用组培苗繁殖。如果没有组培苗采取扦插繁殖时，要选择生长健壮、无病虫害的母株作为插条，以保持母本优良的性状。

4. 控制肥水管理

按照"适地适树"的原则，红叶石楠应选择土壤疏松、通气、排水良好的栽植地点。栽植后多施腐熟的有机肥，改善土壤肥力，优化土壤结构。

总之，要想让红叶石楠的商品性能充分显现出来，在园林绿化工程招标时必须说明红叶石楠的具体品系名称、扦插苗还是组培苗、地栽苗还是容器苗，工程施工时要加强相应的督查，规范工程建设施工单位选择符合招标文件的苗木。栽种后要加强水肥管理，加强修剪和病虫害防治，确保提供红叶石楠正常的生长条件。

二、红叶石楠推广案例

（一）推广目标与技术路线

1. 推广目标

江苏农林职业技术学院紧紧围绕美丽江苏建设目标，以红叶石楠新品种育、繁、推为重点，对适合江苏生长的国内外优良观赏苗木红叶石楠进行引种和繁育技术研究，选育出以红叶石楠为主的观赏苗木新品种3～5个，集成新品种组培、扦插、嫁接育苗及定向培育技术，获专利6～8项、制定技术规程6～8项、发表研究论文15篇。

推广具体目标：学院依托"挂县强农富民工程"、苗木展示展销会、苗农创业培训、苗木栽培应用专家系统等平台，实行"龙头企业+基地+苗木合作社+农户"的联合推广模式，建立红叶石楠核心示范区6～8个，面积10000亩，在主产区广泛建立示范区，举办培训班80期，受训苗农6000人次，形成一套较为完整的红叶石楠良种繁、育、推一体化技术体系。累计推广红叶石楠苗木8亿株，推广覆盖面超过30%，累计经济效益15亿元。

2. 研发的技术路线

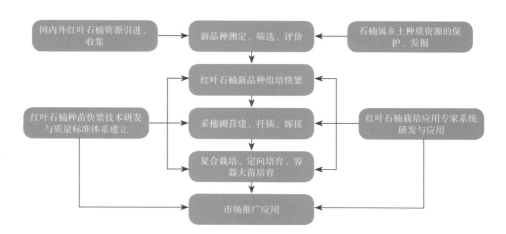

3. 推广的技术路线

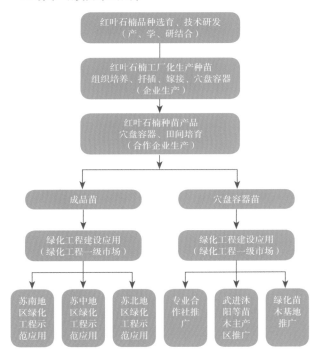

（二）建立繁、育、推一体化体系

1. 产、学、研合作

强化"产、学、研合作"模式，明确单位分工。红叶石楠推广期间充分发挥江苏农林职业技术学院、江苏省林业科学研究院在苗木新品种、新技术的研发能力，不断选育满足市场需求的优新品种，为企业生产提供技术支撑。红叶石楠新品种和新技术的推广由江苏绿苑园林建设有限公司牵头，各地政府部门引导、苗木专业合作社和农户参与。公司为良种推广优惠提供优质种苗，免费提供技术资料、技术咨询，开展技术培训和服务，实现公益单位的社会责任。

2. 龙头企业带动

作为园林绿化一级企业的江苏绿苑园林建设有限公司，联合多家龙头企业，强化与省内外园林设计单位合作，在中心城市建设绿化、重点高速公路绿化等示范性工程中，加大推广红叶石楠等新品种在园林绿化工程中的应用。如率先在上海世纪公园、苏州金鸡湖、镇江市团结河、泗阳县人民路等重点景观绿化工程中大量应用了红叶石楠新品种，起到"活广告"的作用。目前，红叶石楠新品种在园林绿化工程中的应用率已超过70%。

3. 核心基地示范

分别在江苏绿苑园林建设有限公司彩叶苗木基地、江苏农林职业技术学院观赏苗木实训基地、江苏省林业科学研究院江都苗木中试基地等为重点，建成了10个红叶石楠核心示范区，总面积12000亩。其中，江苏绿苑园林建设有限公司彩叶苗木基地、江苏省林业科学研究院江都基地和江苏农林职业技术学院园林苗木实训基地共4000多亩。江苏中兴农业科技有限公司、句容茅山聚福园林有限公司、常州绿洲园林建筑工程有限公司、宿迁市春怡花木有限公司、扬州雅典娜园艺科技开发公司、江苏省新沂八达苗圃场、泗洪现代农业产业园等共新建示范基地8000多亩，新增红叶石楠组培工厂育苗中心近5万m^2，其年生产能力提高了6.2倍。通过核心基地建设与技术集成示范，提升了红叶石楠繁育材料供应能力。

4. 扶持带动合作社组织

采用"龙头企业+基地+苗木专业合作社+农户"的模式进行红叶石楠观赏苗木新品种的推广。在江苏沭阳、武进、江都等几大苗木主产区建立了推广合作点，进行人员培训，提供种苗，加大苗木新品种繁育示范，促进品种更新。加强与苗木专业合作社的合作，在全省指导扶持红叶石楠花卉专业合作社16个，充分发挥苗木合作社市场竞争主体的作用，活化合作社组织的辐射带动作用，提高苗木新品种的市场认知度。

在江苏直接扶持句容市后白镇西冯花草木专业合作社、边城镇彩叶苗木专业合作社、继东草坪苗木专业合作社、松露苗木专业合作社、泗洪县忠良杨树种植专业合作社、沭阳县满园春花木专业合作联社、扬州市丁伙乔墅花木专业合作社、宿迁新安苗木专业合作社、常州顶诚苗木合作社等16个观赏苗木花卉专业合作社。建立稳定合作关系的专业合作社151个。

（三）推广平台

1."挂县强农富民工程"平台

江苏农林职业技术学院结合江苏省委省政府实施的"挂县强农富民工程"，将红叶石楠观赏苗木优新品种推广作为所挂县（市）的主攻方向。先后对接帮扶了泗洪、沭阳、溧阳和句容等县（市），采用项目资助、物化补贴、专家蹲点等形式帮扶建立苗木基地，推广红叶石楠等观赏苗木新品种。如在泗洪县，项目推广的红叶石楠观赏苗木新品种已成功入户泗洪现代农业科技示范园，在泗洪县青阳镇小楼居委会建立现代化观赏苗木生产示范基地，通过观赏苗木新品种栽培技术的示范应用，带动约16个苗木生产专业户发展花卉苗木的生产，并帮扶他们成立了苗木专业合作社。江苏省委书记罗志军亲临泗洪农业产业园，亲切地说："你们把新品种新技术带到农村，为农民增产增效，做得好。"

2. 苗木展销会平台

江苏绿苑园林建设有限公司积极参加各种形式的花卉苗木博览会、展销会等宣传平台，加强技术交流与成果展示。先后参加了2013年在常州举办的第八届中国花卉博览会、2013年在扬州举办的江苏省第八届园艺博览会以及2012年举办的第四届年宵花花卉展示展销会，选送的'小叶'等品种在展示展销会上获得了金奖、银奖等荣誉。

3. 网络平台

江苏绿苑园林建设有限公司利用网络平台，建立了红叶石楠等观赏苗木栽培应用专家系统。该系统可提供红叶石楠新品种的识别和栽培技术服务，三年来共有注册用户573个，网站点击率5万多次，为283家苗木合作社提供了技术支持，为3000多农民解决了技术难题。利用江苏农业网等网络平台、12316手机短信平台积极宣传推广红叶石楠等观赏苗木新品种。

4. 培训平台

推广期间，依托江苏农林职业技术学院成教学院、省林业科学研究院、林业继续教育学校等培训基地，举办技术培训110次，培训苗农及相关市县技术人员6850人次。

（四）推广取得的效益

1. 经济效益

根据农业丰收奖经济效益计算办法：各品种各规格经济效益=各品种各规格株新增纯收益×各品种各规格株新增纯收益缩值系数（0.7）×各品种各规格推广株数×各品种各规格推广规模缩值系数（0.9）-各品种各规格推广费用。

项目实施期间，实现经济效益19.65亿元，年均经济效益6.55亿元；推广投资年均纯收益率为12.56%。

2. 社会效益

产业升级：通过项目推广，提高了全省观赏苗木规模化、工厂化生产技术水平，促进了苗木产业升级换代，增强了市场竞争力。

农民增收：项目推广提供就业岗位5500个，受益农民1.6万户，户均年增收2.3万元，促进农民增收致富效果显著。

3. 生态效益

推广的观赏苗木新品种具有固碳释氧、净化空气、涵养水源、水土保持、防风固沙等多种生态功能。

依据固碳释氧和净化大气环境两大类共7个指标的生态价值货币化效益评估，项目推广8.28亿株，观赏苗木新品种产生的生态服务价值达20.4亿元。

图7-1 红叶石楠栽培应用专家系统

参考文献

[1] 郑万钧.中国树木志［M］.北京：中国林业出版社，1985.

[2] 张天麟.园林树木1200种［M］.北京：中国建筑出版社，2005.

[3] 蔡礼鸿.枇杷学［M］.北京：中国农业出版社，2012.

[4] 邱国金等.园林树木［M］.北京：中国林业出版社，2014.

[5] 武三安.园林植物病虫害防治［M］.北京：中国林业出版社，2010.

[6] 张随榜.园林植物保护［M］.北京：中国农业出版社，2010.

[7] 巩振辉，申书兴.植物组织培养［M］.北京：化学工业出版社，2007.

[8] 郑永平，田地.红叶石楠［M］.北京：中国林业出版社，2004.

[9] 许志刚主编.普通植物病理学（第三版）［M］.北京：中国农业出版
社，2003.

[10] 陈璇.光照对石楠属植物光合——光响应曲线参数的影响［J］.现代园
艺，2014，5：10.

[11] 连洪燕.淹水胁迫对三种石楠属植物幼苗可溶性糖和脯氨酸含量的影
响［J］.北方园艺，2012，（20）：63-66.

[12] 孙海伟等.转AmGS基因红叶石楠的分子检测及抗寒性分析［J］.林业
科学，2012，48（7）：31-38.

[13] 申万祥，姚默，赵兵，张胜琪，巩江，倪士峰.石楠属药学研究概况［J］.
畜牧与饲料科学，2011，32（11）：58-60.

[14] 黄慎羽，彭艳.红叶石楠穴盘扦插育苗技术［J］.南方园艺，2011，22
（6）：48-50.

[15] 芦建国，陈春芳.石楠属植物研究进展［J］.园林植物资源与应用，
2009，5：44-47.

[16] 卢建国，连红燕.红叶石楠在园林中的应用［J］.现代农业科技，2007，
（1）：40-41.

[17] 樊慧敏，赵志军，贾春波，彦敏，王建书，张素军.石楠与红叶石楠光合
特性的比较［J］.浙江农业学报，2009，21（5）：468-471.

[18] 芦建国，杨金红，武翠红.山东地区引种的5种石楠属植物抗寒性比
较［J］.南京林业大学学报（自然科学版），2008，32（5）：153-
156.

[19] 黄美娟, 黄海泉, 连芳青, 邓小梅. 红叶石楠"红罗宾"组培苗生根研究〔J〕. 云南农业大学学报, 2006, 21（5）:565-670.

[20] 黄芳, 张春英. 微生物菌肥对垃圾封场土中红叶石楠生长的影响〔J〕. 西北林学院学报, 2014, 29（2）:160-164.

[21] 唐梅. 红叶石楠生物学特性及栽培技术〔J〕. 现化农业科技, 2011（18）: 236, 238.

[22] 杜建会, 魏兴琥. 园林红叶植物新贵——红叶石楠〔J〕. 安徽农业科学, 2009, 37（11）: 5263-5265.

[23] 赵晓伟, 黄美娟, 黄海泉. 彩叶树种红叶石楠的开发与应用〔J〕. 北方园艺, 2008（6）: 161-163.

[24] 刘杰. 红叶石楠露地实用扦插技术〔J〕. 现代园艺, 2013（10）: 48-49.

[25] 徐中民. 红叶石楠嫩枝沙床扦插技术〔J〕. 园艺与种苗, 2012（7）: 44-46.

[26] 廖华俊, 陈静娴, 董玲, 等. 红叶石楠穴盘自动弥雾快速育苗技术研究〔J〕. 西北林学院学报, 2007, 22（6）: 68-71.

[27] 沈爱化, 江波, 朱锦茹, 等. 红叶石楠容器育苗人工复合生长基质研究〔J〕. 江西农业大学学报, 2009, 31（3）:402-407.

[28] 黄慎羽, 彭艳. 红叶石楠穴盘扦插育苗技术〔J〕. 南方园艺, 2011, 22（6）: 48-50.

[29] 王以共, 蒋泽平, 施华. 微型观赏红叶石楠短穗扦插试验初报〔J〕. 江苏林业科技, 2013, 40（1）: 18-20.

[30] 邱国金, 汤庚国. 红叶石楠"红罗宾"嫩枝扦插育苗技术的研究〔J〕. 甘肃农业大学学报, 2006（5）: 81-84.

[31] 朱玉球, 童再康, 黄华宏, 等. 红叶石楠硬枝水培生根试验〔J〕. 浙江林学院学报, 2004, 21（1）: 28-32.

[32] 陈红恩, 李红伟, 李留振. 红叶石楠单芽扦插与枝条成熟度、基质的相关性试验〔J〕. 林业科技, 2013, 38（5）:16-17.

[33] 魏立刚, 张娟, 张尧, 等. 红叶石楠营养钵扦插繁殖技术〔J〕. 北方园艺, 2011（19）: 71-72.

[34] 龚霄霄, 曾丽, 赵子刚, 等. 红叶石楠'红罗宾'组织培养快繁技术的优化〔J〕. 上海交通大学学报（农业科学版）, 2011, 29（6）: 35-41.

[35] 吴丽君, 翁秋媛. 红叶石楠不同品种的组培技术研究〔J〕. 福建林业科技, 2008, 35（4）: 165-169.

[36] 郭佳, 房丹, 闫媛媛, 等. 红叶石楠"鲁宾斯"组织培养研究〔J〕. 广东

林业科技, 2013, 29（4）: 50-54.

[37] 王迅, 谢云军, 蔡金术, 等. 红叶石楠离体培养体系的构建［J］. 湖南农业科学, 2013（1）: 108-110.

[38] 褚剑峰. 红叶石楠的组织培养及大规模快繁技术［J］. 浙江农业科学, 2005（2）: 110-111.

[39] 朱晓国. 红叶石楠茎尖快繁技术探索［J］. 中国园艺文摘, 2012（9）: 15-16.

[40] 侯春燕, 任丽梅, 张洁, 等. 红叶石楠离体快繁技术体系的建立与优化［J］. 河北农业大学学报, 2007, 30（5）: 44-47.

[41] 陈叶, 张晓明, 邓小梅, 等. 小叶红叶石楠组培快繁试验［J］. 林业科技开发, 2013, 27（3）: 118-120.

[42] 杨雪, 吴国盛, 范加勤. 红叶石楠组培苗玻璃化影响因子及其克服技术研究［J］. 江西农业大学学报, 2009, 31（5）: 906-910.

[43] 梁月香, 梁慧敏, 蘧丽萍, 等. 红叶石楠茎段再生快繁体系的建立［J］. 江苏农业科学, 2011, 39（6）: 68-70.

[44] 李际红, 韩小娇, 卢胜西, 等. 红叶石楠生根培养与根系活力的研究［J］. 园艺学报, 2006, 33（5）: 1129-1132.

[45] 于永根, 李玉祥, 秦昕祺. 红叶石楠组培苗移栽管理技术［J］. 浙江林业科技, 2002, 22（5）: 43-45.

[46] 彭婵, 陈华超, 马林江, 等. 红叶石楠轻基质网袋容器育苗技术［J］. 湖北林业科技, 2011（6）: 81-87.

[47] 留秀林. 植物非试管快繁技术与传统扦插技术的异同［J］. 农业新技术, 2005（3）: 20-21.

[48] 廖华俊, 陈静娴, 董玲, 等. 红叶石楠穴盘自动弥雾快速育苗技术研究［J］. 西北林学院学报, 2007, 22（6）: 68-71.

[49] 金瑞祥. 红叶石楠盐碱地扦插技术［J］. 农民致富之友, 2013（10）: 81.

[50] 申亚梅, 单童再康, 张露. 干旱胁迫对红叶石楠等3个观赏品种生理特性的影响［J］. 江西农业大学学报, 2006, 28（3）: 397-402.

[51] 王敏, 陈兴荣, 张琦, 等. 不同品种的红叶石楠苗木生长差异研究初报［J］. 江苏林业科技, 2013, 40（3）: 38-39, 53.

[52] 鲍晓红, 吴丽君, 高楠. 不同栽培措施对红叶石楠红叶期的影响研究［J］. 林业调查规划, 2009, 34（2）: 45-47.

[53] 毕丽华, 常娟, 刘战旗, 等. 红叶石楠研究现状及发展前景［J］. 浙江农

业科学, 2011 （5）: 1051-1053, 1056.

[54] 武翠红, 段春玲, 高文莉, 等. 关于南京市红叶石楠种类及应用调查研究 [J]. 农业科技与信息, 2007 （7）:76-79.

[55] 舒畅. 红叶石楠全光照扦插育苗技术 [J]. 安徽农学通报, 2007, 13 （14）: 202-202.

[56] 邓小梅, 黄敏仁, 王明麻. 红叶石楠"红罗宾"的组培高效再生系统的建立 [J]. 江西林业科技, 2004 （4）:25-28.

[57] 吉训英. 红叶石楠的组培扩繁及驯化移栽技术 [J]. 上海农业科技, 2006 （1）: 26-28.

[58] 邱国金, 史云光, 汤庚国. 红叶石楠组织培养工厂化扩繁技术研究 [J]. 山西农业大学学报: 自然科学版, 2006 （4）: 9-11.

[59] 朱志国, 黄承钧, 陶陶, 等. 红叶石楠组培增殖技术研究 [J]. 安徽农业科学, 2006, 34 （15）: 3668, 3691.

[60] 侯春燕, 任丽梅, 张洁, 等. 红叶石楠离体快繁技术体系的建立与优化 [J]. 河北农业大学学报, 2007, 30 （5）:44-47.

[61] 姜春月, 胡美峰, 周智萍. 红叶石楠组培苗的商品化开发研究 [J]. 上海农业科技, 2007 （4）: 17-21.

[62] 吴平, 赵渊. 红叶石楠不同品种生物学特性比较 [J]. 现代园艺, 2007 （8）: 12-13.

[63] 徐华忠. 不同基质对红叶石楠插穗生根的影响 [J]. 安徽农学通报, 2007 （17）: 23-26.

[64] 曹晶, 姜卫兵, 翁忙玲, 等. 夏秋季旱涝胁迫对红叶石楠光合特性的影响 [J]. 园艺学报, 2007, 34 （1）: 35-36.

[65] 吴丽君. 红叶石楠推广应用现状及前景分析 [J]. 福建林业科技, 2009 （2）: 145-148, 161.

[66] 崔晓静, 肖建忠, 关楠, 等. 不同遮光处理对红叶石楠叶色表现的影响 [J]. 西北农林科技大学学报: 自然科学版, 2008 （10）: 153-157.

[67] 崔波, 马杰, 袁秀云, 等. 红叶石楠快繁条件优化 [J]. 安徽农业科学, 2008, 36 （8）: 3201-3202.

[68] 邱国金, 史云光, 蒋为民. 红叶石楠"红罗宾"工厂化扦插育苗快繁技术 [J]. 中国林副特产, 2006 （4）: 29-31.

[69] 窦金琴. 红叶石楠绿枝扦插生根能力试验研究 [J]. 林业实用技术, 2009 （5）: 21-23.

[70] 冯志. 红叶石楠嫩枝扦插技术 [J]. 现代农业科技, 2007 （20）: 19-

22.

[71] 江华, 包建英, 杨永康. 红叶石楠轻基质网袋全光雾扦插育苗技术 [J]. 上海农业科技, 2007 (2): 34-36.

[72] 陈翕, 毛丽. 不同基质与ABT生根剂组合对红叶石楠扦插繁殖的影响 [J]. 安徽农业科学, 2007, 35 (32): 10250, 10339.

[73] 窦全琴, 张敏, 王福银, 等. 不同生长激素和基质等因素对红叶石楠扦插生根的影响 [J]. 江苏林业科技, 2008 (6): 68-70.

[74] 胡永德, 梁小敏. 红叶石楠营养繁殖容器育苗技术 [J]. 林业科技, 2008 (6): 24-27.

[75] 桂勇武, 郭成宝, 王勇. 红叶石楠穴盘育苗技术研究 [J]. 安徽农学通报, 2008 (18): 19-21.

[76] 廖华俊, 陈静娴, 董玲, 等. 红叶石楠穴盘自动弥雾快速育苗技术研究 [J]. 西北林学院学报, 2007 (6): 16-20.

[77] 沈国平. 红叶石楠的繁殖栽培及园林应用 [J]. 园林, 2006 (10): 12-15.

[78] 殷涛, 雷永松, 喻卫国, 等. 红叶石楠"红罗宾"生产技术 [J]. 花木盆景: 花卉园艺版, 2008 (9): 7-9.

[79] 赵晓伟, 黄美娟, 黄海泉. 彩叶树种红叶石楠的开发与应用 [J]. 园艺学报, 2007 (1): 59-61.

[80] 吴维坚, 林洪涛, 何炎森, 等. 红叶石楠栽培技术及其园林应用 [J]. 福建热作科技, 2008 (2): 68-70.

[81] 白涛, 杨星火. 红叶石楠扦插育苗技术 [J]. 湖北林业科技, 2008 (5): 15-18.

[82] 姜琥. 红叶石楠的特征特性及在淮北地区的配套栽培技术 [J]. 现代农业科技, 2008 (12): 24-27.

[83] 武翠红, 段春玲, 高文莉, 等. 关于南京市红叶石楠种类及应用调查研究 [J]. 农业科技与信息: 现代园林, 2007 (7): 34-37.

[84] 张慧丽, 徐瑛, 王江岭, 李玉祥, 顾建锋. 红叶石楠炭疽病的病原鉴定及杀菌剂的室内筛选 [J]. 浙江农业学报, 2012, 24 (6): 1064-1068.

[85] 陈福如, 杨秀娟. 福建省枇杷真菌性病害调查与鉴 [J]. 福建农业学, 2002, 17 (3): 151-154.

[86] 管斌, 徐超, 张红岩. 镇江市红叶石楠叶部病害及其发生特点 [J]. 林业科技开发, 2013 (27): 66-67.

[87] 蔡灿, 伍建榕. 球花石楠锈病病原物的初步研究 [J]. 北方园艺, 2008

（1）:208-210.

[88] 范文锋，俞彩珠，许绍远.红叶石楠病虫害防治［J］.中国花卉园艺，2010（14）：42-43.

[89] 戴文、陈正祥，马洪德、段誉.红叶石楠扁刺蛾发生特点及综合治理措施［J］.植物护理学，2010（21）:221-222.

[90] 张圣云.红叶石楠主要病虫害的防治［J］.安徽林业，2009（4）：76-77.

[91] 李小一、罗经仁、张振臣.红叶石楠上主要病虫害及其综合治理研究总结［J］.科技信息，2009（6）：14.

[92] 鲁同祖，王晶.红叶石楠主要病虫及其防治［J］.花木盆景:花卉园艺，2009（3）：25.

[93] 范文锋，俞彩珠，许绍远.红叶石楠病虫害防治［J］.中国花卉园艺，2010（14）：42-43.

[94] 余志良.红叶石楠常见鳞翅目害虫及其防治［J］.科技资讯，2012（16）：218-219.

[95] 柴立英、刘国勇、马朝旺、杜连营.石楠上白粉虱的药剂防治试验研究［J］.湖南农业科学，2008（2）:108-109，112。

[96] 吴陆山、李正明.石楠盘粉虱在宜昌的发生及防治方法［J］.绿色科技，2014（6）:73-75.

[97] 董欣.红叶石楠的病虫害防治［J］.中国花卉园艺，2008（20）：54-56.

[98] 肖敏，梁金喜.红叶石楠常见病虫害防治［J］.中国林业，2007（16）:46-47.

[99] 陈林、杨海华.大丰红叶石楠主要病虫害的综合防治措施［J］.国土绿化，2014（2）：36-37.

[100] 唐茂国、李阿根、徐礼根.红叶石楠养护管理技术［J］.天津农业科学，2011，17（5）：145-149.

[101] 李津立、杨华、肖学斌，等.天津港保税区园林绿地土壤可持续发展策略探讨［J］.天津农业科学，2010（2）:131-132.

[102] 高玉民.城市园林绿化植物常见病虫害综合防治［J］.农业科技通讯，2010（6）:230-232.

[103] 杨潇怡、张力、冯岳东，等.彩叶植物资源及其园林应用的研究进展［J］.天津农业科学，2011（2）:138-141.

[104] 张颖、郁世军、李英.榉树复合栽培模式试验研究［J］.林业实用技术，

2014（2）:19-21.

[105] 中国林业网（http://www.forestpest.org/senfang/News/dfxx/hn/2014-07-02/Article_319507.shtml、中国园林网http://zhibao.yuanlin.com/bchDetail.aspx?ID=1776）.

[106] Gerald Klingaman. Plant of the Week Redtip Photinia Latin:Photinia × fraseri ［DB /OL］. http: / /www. arhomeandgarden. org / plantoftheweek / articles / photina_ retip. htm.

[107] Ryan G F. Chemicals to Increase Branching of Photinia × fraseri and Rhododendron Exbury Azaleas ［J］. Hortscience, 1974, 9: 534-535.

[108] Ponder H G, Gilliam C H, Wilkinson E H. Response of container-grown photinia to moisture stress ［J］. Scientia Horticulturae, 1983, 21 （4） : 369-374.

[109] Christie C B. Factors affecting root formation on Photinia 'Red Robin' cuttings ［J］. Combined proceedings - International Plant Propagators ' Society, 1987, 36: 490-494.

[110] Dirr M A. Rooting Response of Photinia × fraseri Dress Cultivar Birmingham to 25 Carrier and Carrier Plus Iba Formulations ［J］. Journal of Environmental Horticulture, 1989, 7:158-160.

[111] Allen D O, Steven E N. Growth Enhancement of Photinia × fraseri with Foliar Applications of Growth Regulators ［J］. HortScience, 1990, 25: 1125.

[112] Norcini J G, Andersen P C, Knox G W. Influence of Light Intensity on Leaf Physiology and Plant Growth Characteristics of Photinia × fraseri ［J］. HortScience, 1991, 26: 723.

[113] Tokatli Y O, Akdemir H. Cryopreservation of Fraser photinia（Photinia × fraseri Dress.） via vitrification-based one-step freezing techniques ［J］. Cryo Letters, 2010, 31 （1） .

[114] Mims C W, Sewall T C, Richardson E A. Ultrastructure of the Host-Pathogen Relationship in Entomosporium Leaf Spot Disease of Photinia ［J］. Int J Plant Sci, 2000, 161 （2） :291-295.